Nikolaus Rüdinger

Atlas des peripherischen Nervensystems des menschlichen Körpers

Nikolaus Rüdinger

Atlas des peripherischen Nervensystems des menschlichen Körpers

ISBN/EAN: 9783337736873

Hergestellt in Europa, USA, Kanada, Australien, Japan

Cover: Foto ©berggeist007 / pixelio.de

Weitere Bücher finden Sie auf **www.hansebooks.com**

ATLAS

DES

PERIPHERISCHEN NERVENSYSTEMS

DES

MENSCHLICHEN KÖRPERS.

BEARBEITET

VON

Dr. RÜDINGER,

PROFESSOR AN DER UNIVERSITÄT IN MÜNCHEN, ADJUNCT UND PROSECTOR AN DER ANATOMISCHEN ANSTALT, RITTER DES MILITÄR-VERDIENST-ORDENS 1. KLASSE
UND INHABER DES EISERNEN KREUZES FÜR MDCCCLXX.

MIT EINEM VORWORT VON PROFESSOR DR. TH. W. L. BISCHOFF.

NACH DER NATUR PHOTOGRAPHIRT VON JOSEPH ALBERT, K. B. HOFPHOTOGRAPH IN MÜNCHEN.

VERVIELFÄLTIGT MITTELST LICHTDRUCK VON M. GEMOSER IN MÜNCHEN.

ZWEITE AUFLAGE.

ATLAS

DU

SYSTÈME NERVEUX PÉRIPHÉRIQUE

DU

CORPS HUMAIN.

PAR LE

Dr. RÜDINGER.

PRÉCÉDÉ D'UNE PRÉFACE PAR LE DR. TH. L. W. BISCHOFF.

PHOTOGRAPHIÉ D'APRÈS NATURE PAR J. ALBERT, PHOTOGRAPHE DU ROI DE BAVIÈRE.

DEUXIÈME ÉDITION.

STUTTGART.

VERLAG DER J. G. COTTA'SCHEN BUCHHANDLUNG.

1872.

SEUL DÉPÔT POUR TOUTE LA FRANCE A LA LIBRAIRIE UNIVERSELLE ANCIENNE ET MODERNE DE
H. SOTHERAN, J. BAER & COMP. A PARIS
1. RUE DU QUATRE SEPTEMBRE, EN FACE DE LA BOURSE.

VORWORT.

Ich folge gerne dem Wunsche des Herrn Dr. Rüdinger, Prosektor
an der hiesigen königl. anatomischen Anstalt, dem nachfolgenden
Unternehmen der photographischen Darstellung der Nerven des
menschlichen Körpers einige Worte vorauszuschicken.

Die Idee zu diesem Werke entstand aus dem, wie ich glaube,
wirklich bestehenden Mangel einer naturgetreuen, originalen, bild-
lichen Darstellung des Nervensystems für den Gebrauch der Stu-
direnden und wissenschaftlichen Aerzte. Sie wurde namentlich zu
einer Zeit gefasst und bereits theilweise ausgeführt, als Arnold's
vortreffliche Tabulae nervorum capitis vergriffen waren, und damit
auch dieser wichtige Theil der Nerven-Darstellungen nur noch in
grösstentheils schlechten Copieen zugänglich war. Aber auch nach-
dem die Arnold'schen Tafeln in neuer Auflage erschienen waren,
hielt ich die Fortsetzung des Unternehmens nicht für überflüssig
und werthlos.

Dass die Naturtreue dieser photographischen Darstellungen der
Nerven durch nichts Anderes erreicht werden kann, liegt in der
Natur der Sache. Keine Künstlerhand, und sei sie auch eine noch
so gewandte, unterrichtete und ausdauernde, kann das eigenthümlich
bestimmte und doch dabei einer strengen Regelmässigkeit sich
entziehende wechselseitige Verhältniss der mannigfachen Theile eines
anatomischen Präparates mit der Naturwahrheit so wiedergeben, als
dieses durch ein photographisches Bild geschieht.

Die Versuche, welche bis jetzt mit der Photographie zur Wieder-
gabe anatomischer Objekte gemacht wurden, sind sparsam und noch
wenig gelungen. Es bedarfte dazu zweierlei: eines ausgezeichneten
Photographen und eines sehr genauen und sorgfältigen Anatomen. —
Ersteren besitzen wir hier in dem Herrn Albert und es wird meiner
Hinweisung nicht bedürfen, um darzuthun, dass die Aufgabe denselben
in den nachfolgenden Darstellungen in einer Weise gelöset ist, die
trotz der reissenden Fortschritte in der Kunst der Photographie kaum
eine Vervollkommnung denken lässt. Man wird die Mängel per-
spektivischer Wahrheit und der richtigen Beleuchtung, welche photographische Darstellungen so leicht haben, hier nicht finden.

Allein alle Kunst des Photographen, ich kann es wohl sagen,
würde hier gescheitert sein, wenn nicht der Anatom durch ungewöhnliche Klarheit und Schärfe seiner Arbeit ein Präparat geliefert
hätte, welches oben nur allein photographisch wiedergegeben werden
konnte. Die gewöhnliche und selbst gute Art der Präparation genügte
dazu nicht. Die dabei unvermeidliche Dehnung der Theile, die ihre

PRÉFACE.

Je m'empresse d'accéder au désir de Mr. le Dr. Rüdinger, pro-
secteur d'anatomie à Munich de faire précéder de quelques mots
son Atlas de figures photographiées des nerfs du corps humain.

Ce qui a donné la première idée de cette entreprise, c'est le
manque qui, je crois, existe réellement d'une représentation vraie
et originale du système nerveux à l'usage des étudiants et des méde-
cins. Le plan en fut conçu et en partie exécuté à l'époque où
l'excellent ouvrage d'Arnold „Tabulae nervorum capitis" était épuisé
et où il n'en existait plus que de mauvaises copies. Mais même
après la nouvelle édition qui a paru des Tables d'Arnold, je n'ai
pas jugé superflue et inutile la continuation de l'entreprise.

Il est évident que rien n'approche de la nature comme une
figure photographique. La main de l'artiste le plus habile, le
plus intelligent et le plus patient ne rendra jamais avec une telle vérité
cette précision particulière à une préparation anatomique dont pour-
tant les parties si diverses et leurs rapports mutuels ne sauraient
être amenés à une stricte régularité.

Les essais, faits jusqu'ici pour reproduire des objets anatomiques
par la photographie, sont rares et encore très-imparfaits. Pour
réussir, il fallait deux hommes: un habile photographe et un anatomiste exact et soigneux. Or, nous possédons ici l'un et l'autre, et
le premier, dans ses figures photographiques, a rempli sa tâche
d'une manière qui, malgré les progrès rapides de l'art photographique,
permet à peine d'imaginer une plus grande perfection. On n'y
rencontrera point de ces défauts de perspective et de lumière que
présentent si souvent les images photographiques.

Mais j'ose le dire, tout l'art du photographe aurait échoué, si
l'anatomiste, par la clarté et la précision peu communes de son
travail, n'avait livré une préparation telle qu'aucune autre ne pourrait
être bien rendue par la photographie. Une préparation ordinaire
et même bonne ne suffisait pas à cet effet. L'extension qui s'opère
inévitablement dans les diverses parties de la préparation et qui en

Lagerung verändert und unbestimmt macht, der geringere Grad der Sorgfalt, den man den umgebenden Theilen, den Knochen, Muskeln etc. bei der Präparation zuzuwenden pflegt, würden hier ganz undeutliche, verwischte und unbrauchbare Bilder geliefert haben. Herr Dr. Rüdinger hat mit grosser Gewandtheit, Sorgfalt und Ausdauer diese Schwierigkeiten zu überwinden gewusst, und dem Photographen Objekte geliefert, die gewiss eben so sehr die Anerkennung und Bewunderung jedes Fachmannes erregen werden, als sie scharfe Bilder zu geben vermochten. Kein Kenner der Sache wird es ihr zum Vorwurfe machen, dass selbst noch unter diesen Umständen eine sachgemässe und verständige Retouche angewendet wurde, um die Klarheit und Schärfe der Darstellung einzelner feinerer Nervenfäden zu erhöhen; denn diese Retouche konnte sich getreu an die Natur anschliessen und ergänzte nicht etwa, was in der Natur nicht vorhanden war, oder von einer Theorie oder Doktrin gefordert wurde; ein grosser Unterschied von etwaigen mikroskopischen Darstellungen, wo eine Retouche sehr zweideutig sein würde. Die Retouche hat hier nichts hinzugethan, was nicht jedes unbewaffnete Auge an dem Präparat als unzweifelhaft vorhanden erkennt.

So ist wie gesagt in diesen Darstellungen eine Naturtreue und Wahrheit erreicht worden, deren sich keine bisher jemals gelieferten anatomischen Abbildungen erfreuten. Sie werden dem Anatomen und praktischen Chirurgen als sichere Leiter bei seinen schwierigen Bemühungen der Aufsuchung der Nerven am todten und lebenden menschlichen Körper dienen können.

Dass hier keine im Sinne des Malers und Aesthetikers schöne Bilder geliefert werden, liegt, wie ich glaube, ganz in der Natur der Sache. — Es möchten überhaupt nicht Viele gefunden werden, welche anatomische Darstellungen im ästhetischen Sinne schön finden, und für mich wenigstens bringen solche Darstellungen, welche durch eine heroische Stellung, griechisches Profil, schön frisirtes Haar, frisch gewichsten Schnurrbart, kühne herausfordernde oder schmachtende Augen nach jener Schönheit streben, immer einen widerwärtigen und mindestens lächerlichen Eindruck hervor. Ich halte dafür, dass vollkommenste Naturtreue, Wahrheit, Klarheit und Deutlichkeit der einzige Zweck anatomischer Abbildungen sein kann.

Es ist mein innigster Wunsch, dass diese Tafeln bei dem wissenschaftlichen Publikum eine günstige Aufnahme finden damit ihre Fortsetzung und Vollendung ermöglicht werde. Die damit verbundenen Kosten sind leider gross, und mit aller Aufopferung der dabei Mitwirkenden wird ihre Vollendung schwierig werden, wenn das Unternehmen nicht ungewöhnliche Unterstützung findet.

München, im Oktober 1860.

change la position respective et la laisse indéterminée, le peu de soin qu'on donne d'ordinaire aux parties environnantes, aux os, aux muscles etc., tout cela n'aurait amené qu'une image photographique, rien moins que claire, peu marquée et partant sans utilité. Mr. le Dr. Rüdinger a su surmonter ces difficultés à force d'habileté, de soins et de patience; il a livré au photographe des préparations qui pourront être rendues avec la dernière précision, et qui mériteront la reconnaissance et l'admiration de tout homme entendu. Pour obtenir encore plus de clarté et des contours mieux marqués dans certains filets les plus déliés, on a eu recours à la retouche, faite d'une main discrète et habile, ce dont tout connaisseur nous saura gré. Cette retouche, en s'attachant à suivre fidèlement la nature, n'avait point à compléter celle-ci, ou à satisfaire les exigences de telle et telle théorie ou de telle et telle doctrine: de là l'énorme différence entre nos reproductions retouchées et celles d'objets microscopiques où la retouche deviendrait très équivoque. Ce travail de retouche n'a rien pu ajouter à nos figures photographiées, que chacun ne puisse reconnaître à franc œil comme existant déjà dans la préparation.

Les figures de l'Atlas ont atteint, je le répète, à une perfection que jamais jusqu'ici aucune figure anatomique n'a pu offrir. Elles pourront servir de guide à l'anatomiste et au chirurgien dans leurs pénibles efforts pour trouver les nerfs soit sur un corps vivant, soit sur un cadavre.

Il va sans dire qu'il ne peut être question ici de figures, belles dans le sens de l'artiste ou de l'homme de goût. Il est rare d'ailleurs de rencontrer des personnes qui trouvent belle dans le sens esthétique, une figure anatomique. Pour moi du moins, toute figure de cette espèce, visant à une pareille beauté par une posture de héros, un profil grec, une chevelure soignée, une moustache ciré, des regards provocants ou langoureux, toute figure de cette espèce, dis-je, produira toujours une impression désagréable et pour le moins ridicule. A mon avis, les seules qualités requises dans une figure anatomique, c'est la plus parfaite conformité à la nature, la vérité et la clarté.

Il ne me reste plus qu'à exprimer mes vœux les plus ardents pour le succès de l'entreprise. Puisse cet Atlas trouver un accueil favorable dans le monde savant, afin que l'achèvement en soit possible! Les frais de l'entreprise sont grands et, malgré le désintéressement des collaborateurs, elle ne pourra être menée à bonne fin sans secours extraordinaire.

Munich, en octobre 1860.

Dr. Bischoff,

Professor der Anatomie und Physiologie.

Dr. Bischoff,

professeur d'anatomie et de physiologie.

Vorwort zur zweiten Auflage.

Bald nach der Ausgabe der zehnten Lieferung dieses Atlas zeigte sich das Bedürfniss einer zweiten Auflage desselben. Da aber die etwas kostspielige photographische Vervielfältigung der Bilder, welche bei der ersten Auflage in Anwendung kam, einer allgemeineren Verbreitung des Werkes hindernd im Wege stand, so übernahm es die J. G. Cotta'sche Buchhandlung in Stuttgart, in deren Verlag dasselbe jetzt übergegangen ist, mit Hülfe des neuen Lichtdruckverfahrens von Max Gemoser dahier eine billigere zweite Auflage herzustellen.

Dieses neue Druckverfahren bietet, wie bekannt, den nicht zu unterschätzenden Vortheil dar, dass, während das photographische Original mit allen seinen Feinheiten wiedergegeben wird, die Unveränderlichkeit der Bilder völlig gesichert ist, was durch die bisherigen anderweitigen Vervielfältigungsmethoden nicht erreicht werden konnte.

Möge diese zweite Auflage mit Lichtdruckbildern dieselbe beifällige Aufnahme finden, die der ersten zu Theil wurde.

München im Mai 1872.

Dr. Rüdinger.

Verzeichniss

der Figuren-Nummern mit Hinweisung auf die dazu gehörige Beschreibung nach Tafeln.

Tafel 1.

Figura I.	Figure I.
Die Gehirnbasis, das verlängerte Mark und die obere Abtheilung des Rückenmarkes mit den Nervenursprüngen.	*Base du cerveau, bulbe rachidien et partie supérieure de la moëlle-épinière avec les origines des nerfs.*

A. A. Vordere Grosshirnlappen. *B. B.* Mittlere Grosshirnlappen. *C. C.* Die das Kleinhirn überragenden hintern Grosshirnlappen. *D. D.* Die Kleinhirnhemisphären.	*A. A.* Lobes antérieurs du cerveau. *B. B.* Lobes moyens. *C. C.* Lobes postérieurs du cerveau qui dépassent le cervelet. *D. D.* Hémisphères du cervelet.

I. Nervi olfactorii. Die an verschiedenen Stellen der untern Fläche des Vorderlappens hervortretenden drei Wurzeln vereinigen sich auf der vordern Spitze des *trigonum olfactorium* zum *tractus olfactorius*, welcher in einer ihn schützenden Rinne an der untern Fläche des vordern Grosshirnlappens liegt und nach vorn zu dem *bulbus cinereus* anschwillt.

II. Nervi optici. Die *tractus optici* schlingen sich um die Grosshirnschenkel herum, erscheinen, überragt von den innern Windungen der Unterlappen, an der Gehirnbasis, ziehen bis vor das *tuber cinereum*, wo sie mit demselben zusammenhängend das *chiasma nervorum opticorum* bilden, aus welchem die beiden Nervenstämme hervortreten.

III. Nervi oculomotorii. Die beiden gemeinschaftlichen Augenmuskelnerven treten mit einer Anzahl Fäden aus den innern Flächen der Grosshirnschenkel, in der Nähe des vordern Brückenrandes hervor und ziehen nach vorn und aussen.

IV. Nervi trochleares. Die schwachen Nerven der obern schiefen Augenmuskeln schlingen sich um die Grosshirnschenkel und erscheinen an den äussern Flächen derselben.

V. Nervi trigemini. Der dreigetheilte Nerv erscheint mit zwei Wurzeln, einer kleinern innern (motorischen) und einer grössern äussern (sensibeln) an der Seitenfläche der Brücke.

VI. Nervi abducentes. Die für die geraden äusseren Augenmuskeln bestimmten Nerven treten theils mit einigen Wurzelfäden zwischen den Querfasern des hintern Brückenrandes, grösstentheils aber aus den *corpora pyramidalia* hervor.

VII. Nervi faciales. Der Antlitznerv tritt seitlich am hintern Brückenrande, vor dem *corpus restiforme* mit zwei Portionen, einer kleinern (*portio intermedia Wrisbergii*) und grössern aus der *medulla oblongata* hervor und liegt sich in eine Rinne des *nervus acusticus*.

VIII. Nervi acustici. Der Hörnerv tritt hinter dem *corpus restiforme* hervor und liegt anfänglich über dem *nervus facialis*, welchen er in seinem weitern Verlaufe in einer nach vorn gerichteten Rinne aufnimmt.

I. Nerfs olfactifs. Les trois racines saillant en divers endroits de la face inférieure du lobe antérieur s'anastomosent à l'extrémité antérieure du *trigonum olfactorium* avec le *tractus olfactorius* qui se trouve dans un sillon près de la face inférieure du lobe antérieur du cerveau et dont le renflement en avant forme le *bulbus cinereus*.

II. Nerfs optiques. Les *tractus optiques* contournent les pédoncules du cerveau, apparaissent, dépassés par les circonvolutions intérieures des lobes inférieurs, près de la base du cerveau, s'étendent jusque devant le *tuber cinereum* où en connexion avec celui-ci ils forment le chiasma des nerfs optiques d'où partent les deux troncs nerveux.

III. Nerfs moteurs oculaires communs. Les deux nerfs communs des muscles oculaires naissent de la face interne des pédoncules du cerveau par une série de filaments, non loin du bord antérieur du pont de Varole (protubérance annulaire) et se dirigent en avant et un peu en dehors.

IV. Nerfs pathétiques. Les nerfs faibles des muscles oculaires supérieurs obliques contournent les pédoncules du cerveau et reparaissent aux faces externes de ces derniers.

V. Nerfs trijumeaux. Le nerf trijumeau naît par deux racines, l'une sensitive, grosse et externe, l'autre motrice, petite et interne, près de la face latérale du pont de Varole.

VI. Nerfs moteurs oculaires externes. Les nerfs, destinés aux muscles oculaires droits, naissent en partie par quelques filets entre les fibres transverses du bord postérieur du pont, mais ils émergent la plupart des corps pyramidaux.

VII. Nerfs faciaux. Le nerf facial naît du bulbe rachidien latéralement au bord postérieur du pont, devant le corps restiforme, avec deux portions, l'une petite (*portio intermedia Wrisbergii*) et l'autre plus grande, et il passe dans un conduit du nerf auditif. —

VIII. Nerfs acoustiques. Le nerf auditif ou acoustique naît derrière le corps restiforme et se trouve d'abord sur le nerf facial que dans son prolongement il reçoit dans un conduit tourné en avant.

IX. Nervi glossopharyngei. Eine Linie hinter der Olive erhebt sich aus dem *corpus restiforme* der Zungenschlundkopfnerv mit 4—6 Fäden, die lose aneinanderliegend vor der Flocke nach aussen und vorn ziehen.

X. Nervi vagi. Unmittelbar unter dem *nervus glossopharyngeus* entsteht der herumschweifende Nerv aus dem *corpus restiforme* mit 12—16 Wurzelfäden, welche sich zu einem von oben nach unten platt gedrückten Stamme sammeln.

XI. Nervi accessorii Willisii. Die Wurzeln des Beinnerven entstehen aus dem *corpus restiforme* und den Seitensträngen des Rückenmarkes bis zum 5.—6. Halsnerven herab. Die einzelnen Fäden sammeln sich und ziehen zwischen den vordern und hintern Wurzeln nach aufwärts, um sich dem *nervus vagus* anzuschliessen.

XII. Nervi hypoglossi. Zwischen der Olive und der Pyramide erscheint der Zungenfleischnerv mit 10—12 Fäden, die sich zu einem rundlichen Stamme vereinigen. Rechts sind die Wurzeln des *nervus hypoglossus* theilweise abgeschnitten und zurückgeschlagen.

1. 2. 3. *Nervus cervicalis primus, secundus* und *tertius.*

XI. Nerfs glossopharyngiens. Le glossopharyngien naît du corps restiforme à deux millimètres en arrière du corps olivaire avec 4 à 6 filets qui se trouvent sous adhérence devant le lobule du pneumogastrique et se dirigent horizontalement en avant et en dehors.

X. Nerfs pneumogastriques. Immédiatement au-dessous du nerf glossopharyngien naissent du corps restiforme les nerfs vagues ou pneumogastriques avec 12 à 16 radicules qui, parties du même point, forment bientôt un tronc unique et légèrement aplati de haut en bas.

XI. Nerfs accessoires de Willis ou spinaux. Les racines du nerf accessoire s'étendent du corps restiforme et des parties latérales de la moelle-épinière jusqu'aux 5e—6e nerfs spinaux. Les différents filets se réunissent pour passer entre les racines antérieures et postérieures et prennent une direction ascendante pour s'unir au pneumogastrique.

XII. Nerfs hypoglosses. L'hypoglosse naît entre l'olive et la pyramide par dix à douze racines qui se réunissent en un tronc légèrement arrondi. A droite, les racines de l'hypoglosse ont été coupées et refoulées en arrière.

1. 2. 3. Nerf cervical premier, second et troisième.

Tafel 2.

Figura II.	Figure II.

<table>
<tr><td>

Figura II.

Die innere Fläche der Schädelbasis und die obere Abtheilung des Vertebralkanales mit den durch die dura mater tretenden Nerven.

</td><td>

Figure II.

Face intérieure de la base du crâne et partie supérieure du canal vertébral avec les nerfs qui traversent la dure-mère.

</td></tr>
</table>

A. A. Vordere Schädelgrube.
B. B. Mittlere Schädelgrube.
C. C. Hintere Schädelgrube.
D. In dem geöffneten Vertebralkanal ist die *dura mater* aufgeschnitten und zurückgeschlagen.

In der mittleren und hintern Schädelgrube wurde rechterseits die *dura mater* zurückpräparirt, so dass der *sinus cavernosus* geöffnet ist und die drei Augenmuskelnerven, der *nervus trigeminus* mit dem *ganglion Gasseri* und die daraus hervorgehenden drei Aeste während ihres Verlaufes innerhalb der Schädelhöhle sichtbar sind. Der rechte *canalis Fallopii* und das *vestibulum* sind aufgebrochen. In der hintern Schädelgrube *(C)* erscheint der geöffnete *sinus transversus.*

I. **Nervi olfactorii.** Die *bulbi olfactorii* liegen zu beiden Seiten der *crista galli* in Nischen auf der *lamina cribrosa ossis ethmoidei.*

II. Die beiden *tractus optici* gehen in das an dem Präparat erhaltene *chiasma nervorum opticorum* über, aus welchem die beiden *nervi optici* hervortreten, die über die seitlich sichtbaren innern Carotiden nach vorn gehen und durch die gleichnamigen Oeffnungen zur *orbita* gelangen.

III. **Nervi oculomotorii.** Der rechte Nervenstamm ist in seinem Verlaufe nach vorn und seitwärts, schräg über dem vordern Theile der in dem *sinus cavernosus* verlaufenden *carotis cerebralis* sichtbar und tritt unter dem *tuberculum clinoideum anterius* in die *fissura orbitalis superior.*

IV. **Nervi trochleares.** Der rechte Rollmuskelnerv geht schräg nach aussen und vorn und nimmt seine Lage auf der innern Hälfte der obern Fläche des *ramus primus nervi trigemini.*

V. **Nervi trigemini.** Auf beiden Seiten sind die kleinen Wurzeln von den grossen scharf getrennt dargestellt, und zwar wendet sich die kleine Wurzel, wie am rechten *trigeminus* sichtbar ist, unter der grossen nach vorn und abwärts zum dritten Ast. Bevor die Wurzelfäden in das halbmondförmige Ganglion übergehen, theilen sich dieselben und verbinden sich unter einander zu dem *plexus triangularis nervi trigemini,* auf welchem mitunter ein accessorisches kleines Ganglion liegt, das durch radiär ausstrahlende Fäden mit dem Geflecht in Verbindung tritt. An sieben Ganglienpaaren beobachtete ich dasselbe zweimal beiderseitig. Bisweilen findet sich an der betreffenden Stelle ein feinfaseriges Geflecht.

VI. **Nervi abducentes.** Der rechte *nerv. abducens* wendet sich an der dritten Krümmung der *carotis cerebralis* nach vorn und zieht aussen, dicht an der Arterie liegend, nach der *fissura orbitalis superior.*

A. A. Fosse crânienne antérieure.
B. B. „ „ médiane.
C. C. „ „ postérieure.
D. Dans le canal vertébral ouvert se trouve la dure-mère qui a été séparée et repliée en arrière.

Dans la fosse crânienne médiane et la postérieure du côté droit la dure-mère est renversée en arrière, de manière que le sinus caverneux se trouve à découvert et que les trois nerfs des muscles oculaires, le nerf trijumeau avec le ganglion de Gasser et les trois branches qui en émergent sont rendus visibles sur tout leur trajet à l'intérieur de la cavité crânienne. Le canal droit de Fallope et le vestibule sont ouverts. Dans la fosse crânienne postérieure *(C)* apparaît le sinus transverse.

I. **Nerfs olfactifs.** Les bulbes olfactifs apparaissent des deux côtés de la *crista galli* dans des niches qui se trouvent sur la lame criblée de l'ethmoïde.

II. Les deux tractus optiques passent dans le chiasma des nerfs optiques, qu'à conservé la préparation, et d'où émergent les deux nerfs optiques, qui se dirigent en avant par-dessus les carotides intérieures rendues visibles de côté et arrivent par les ouvertures de même nom jusqu'à l'orbite.

III. **Nerfs moteurs oculaires communs.** Le tronc nerveux droit est rendu visible dans son trajet qui a lieu en avant et latéralement, à travers la partie antérieure de la carotide cérébrale qui se perd dans le sinus caverneux, et passant sous le tubercule clinoïde antérieur, il entre dans la fissure orbitale supérieure.

IV. **Nerfs trochléateurs.** Le nerf droit trochléateur s'avance obliquement en dehors et en avant et prend position sur la moitié intérieure de la face supérieure du premier rameau du nerf trijumeau.

V. **Nerfs trijumeaux.** Des deux côtés sont représentées les petites racines presque entièrement isolées des grandes, à tel point que, comme cela se voit au trijumeau droit, la petite racine se dirige par-dessous la grande en avant et en bas vers le troisième rameau. Avant de passer dans le ganglion semi-lunaire, les filets des racines se divisent et concourent à former le plexus triangulaire du nerf trijumeau, sur lequel se trouve quelquefois un petit ganglion accessoire qui communique avec le plexus au moyen de filets divergents. Sur sept paires de ganglions j'ai fait deux fois la même observation pour deux paires. Quelquefois se trouve à la place de ce ganglion accessoire un plexus de fibres déliées.

VI. **Nerfs abducteurs.** Le nerf abducteur droit, arrivé à la troisième courbure de la carotide cérébrale, se dirige en avant, et, accolé à cette artère, il s'avance en dehors vers la fissure orbitale supérieure.

VII. Nervi faciales. Der Antlizznerv liegt vorn und oben in einer Rinne des *nervus acusticus.* In dem Grunde des *porus acusticus internus* tritt derselbe in den *canalis Fallopii,* wo sich die *portio intermedia Wrisbergii* mit ihm vereinigt; der Kanal ist geöffnet bis zum *ganglion geniculi nervi facialis,* in welches der unter dem *ganglion Gasseri* hervortretende und auf der vordern Felsenbeinfläche heraufsteigende *nervus petrosus superficialis major* sich einsenkt.

VIII. Nervi acustiel. Die Theilung in den *nervus vestibuli* und *n. cochleae* findet rechts eine Linie vor dem Grunde des inneren Gehörganges statt. Der *n. vestibuli* liegt in dem geöffneten Vorhof, während der zwischen diesem und dem *nerv. facialis* verlaufende *nerv. cochleae* bis zur Eintrittsstelle in die Schneckenbasis dargestellt ist.

IX. Nervi glossopharyngei.

X. Nervi vagi. Die Fäden liegen dicht zusammengedrängt und gehen in dem *foramen jugulare* in das theilweise sichtbare *ganglion jugulare nervi vagi* über.

XI. Nervi accessorii Willisii. Sämmtliche Wurzelfäden sind auf beiden Seiten erhalten und liegen zwischen den vordern und hintern Wurzeln der oberen fünf Rückenmarksnerven.

XII. Nervi hypoglossi. Der linke *nerv. hypoglossus* tritt an dem verwundeten Präparat in zwei Bündel getheilt durch die *dura mater.*

1 bis 6 sind die vordern und hintern Wurzeln der sechs oberen Rückenmarksnerven. Bei dem ersten Wurzelpaar sind die eintretenden *arteriae vertebrales* sichtbar, wovon die rechte viel kleiner als die linke ist. Die linke vordere Wurzel des ersten Rückenmarksnerven legt sich in die Scheide des *nerv. accessorius Willisii,* verlässt jedoch dieselbe nach kurzem Verlaufe, um sich zu der entsprechenden hintern Wurzel zu gesellen.

VII. Nerfs faciaux. Le nerf facial se trouve placé en avant et en haut dans une gouttière du nerf auditif. Parvenu au fond du conduit acoustique interne, il pénètre dans le canal de Fallope où il communique avec la portion intermédiaire de Wrisberg. Le canal est à découvert jusqu'au ganglion géniculé du nerf facial où se perd le grand nerf pétreux superficiel, après avoir passé sous le ganglion de Gasser et par-dessus la face antérieure du rocher.

VIII. Nerfs auditifs. La division en nerfs vestibulaire et limacien a lieu à droite, un millimètre avant le fond du conduit auditif interne. Le nerf vestibulaire se trouve à découvert dans le vestibule, tandis que le limacien, qui passe entre le premier et le facial, est représenté jusqu'à son entrée dans la base limacienne.

IX. Nerfs glossopharyngiens.

X. Nerfs vagues. Les filets bien ramassés passent en dedans du trou jugulaire dans le ganglion jugulaire du nerf vague.

XI. Nerfs accessoires de Willis. Tous les filets des racines ont été conservés des deux côtés et se trouvent entre les racines antérieures et postérieures des cinq nerfs supérieurs de la moelle-épinière.

XII. Nerfs hypoglosses. Le nerf hypoglosse gauche est représenté passant en deux faisceaux par la dure-mère.

1 à 6 sont les racines antérieures et postérieures des six nerfs supérieurs de la moelle-épinière. A la première paire de racines sont rendues visibles les artères vertébrales dont celle de droite est beaucoup plus petite que celle de gauche. La racine gauche antérieure du premier nerf de la moelle-épinière, qui repose dans la gaîne du nerf accessoire de Willis, la quitte après un court trajet pour aller se joindre à la racine postérieure correspondante.

Tafel 3.

Figura III.

Die linke Schädelbasis ist weggenommen, so dass die halbe untere Gehirnfläche mit den Nervenursprüngen sichtbar ist, während rechts die Austrittsstellen der Nerven an der äussern Fläche der Schädelbasis dargestellt sind.

—— ——

A. B. C. Vorderer, unterer und hinterer Grosshirnlappen.
D. Die Hemisphäre des kleinen Gehirns.

I. links. Nervus olfactorius.
I. rechts. Die an der Scheidewand und Seitenwand der obern Abtheilung der Nasenhöhle erscheinenden *nervi olfactorii.*

II. links. Nervus opticus umgeben von der Scheide der *dura mater.*
II. rechts. Nervus opticus. Die untere Fläche ist belegt von dem *nervus oculomotorius* und dem *ganglion ciliare.* Der *musculus rectus oculi inferior* wurde entfernt, um dem *nervus trochlearis,* den *n. abducens* und das *ganglion ciliare,* welche etwas nach abwärts gezogen sind, sichtbar zu machen.

III. links. Nervus oculomotorius.
III. rechts. Der untere Ast des *nervus oculomotorius* mit dem für den *musculus obliquus oculi inferior* bestimmten Zweig, so wie die zum *ganglion ciliare* tretende motorische Wurzel.

IV. links. Nervus trochlearis.
IV. rechts. Der *musculus obliquus oculi superior* ist etwas um seine Achse gedreht, damit der oben in denselben eintretende *nervus trochlearis* sichtbar wurde.

V. links. Nervus trigeminus.
V. rechts. Die an verschiedenen Stellen nach aussen tretenden drei Aeste des *nervus trigeminus:* der *ramus primus (V. p.)* zieht unter dem Dach der Orbita gegen die *regio frontalis.* Der *processus pterygoideus* wurde entfernt, um den in die *fossa spheno-palatina* tretenden *ramus secundus (V. s.)* sichtbar zu machen. Der durch das *foramen ovale* nach aussen tretende *ramus tertius (V. t.)* mit dem *ganglion oticum Arnoldi* (3).

VI. links. Nervus abducens.
VI. rechts. Nervus abducens in den *musculus rectus oculi externus* eintretend.

VII. links. Nervus facialis mit der *portio intermedia Wrisbergii.*
VII. rechts. Nervus facialis aus dem *foramen stylomastoideum* tretend mit dem *nervus auricularis profundus posterior* (5).

VIII. Nervus acusticus.

IX. links. Nervus glossopharyngeus.
IX. rechts. Nervus glossopharyngeus tritt vorn und innen aus dem *foramen jugulare* und bildet in der *fossula petrosa* das *ganglion petrosum.*

Figure III.

La partie gauche de la base crânienne a été enlevée, de manière à rendre visible la face inférieure du cerveau avec les origines des nerfs, tandis qu'à droite les émergences des nerfs à la face externe de la base cranienne se trouvent représentées.

A. B. C. Lobe antérieur, inférieur et postérieur du cerveau.
D. L'hémisphère du cervelet.

I. à gauche. Nerf olfactif.
I. à droite. Nerfs olfactifs des parois médiane et latérale de la partie supérieure de la fosse nasale.

II. à gauche. Nerf optique entouré de la gaine de la dure-mère.
II. à droite. Nerf optique. La face inférieure est couverte du nerf moteur oculaire et du ganglion ciliaire. Le muscle droit inférieur de l'œil a été écarté pour laisser voir le nerf trochléaire, le nerf moteur oculaire externe et le ganglion ciliaire, qui sont un peu tirés vers le bas.

III. à gauche. Nerf moteur oculaire commun.
III. à droite. La branche inférieure du nerf moteur oculaire commun avec le rameau destiné au muscle oblique inférieur, ainsi que la racine motrice qui s'avance vers le ganglion ciliaire.

IV. à gauche. Nerf pathétique.
IV. à droite. Le muscle oblique supérieur de l'œil est un peu contourné autour de son axe pour découvrir le nerf pathétique qui y pénètre par le haut.

V. à gauche. Nerf trijumeau.
V. à droite. Les trois branches du nerf trijumeau qui sur divers points se portent au dehors. Le rameau premier *(V. p.)* se dirige sous le toit de l'orbite vers la région frontale. L'apophyse ptérygoïde a été écarté pour mettre à découvert le rameau second *(V. s.)* qui entre dans la fosse sphénopalatine. Le rameau troisième (V. t.) pénétrant par l'orifice oval et se dirigeant en dehors, avec le ganglion otique d'Arnold (3).

VI. à gauche. Nerf moteur oculaire externe.
VI. à droite. Le nerf moteur oculaire externe pénétrant dans le muscle oculaire externe.

VII. à gauche. Nerf facial avec la portion intermédiaire de Wrisberg.
VII. à droite. Nerf facial sortant de l'orifice stylomastoïdien avec le nerf auriculaire profond postérieur (5).

VIII. Nerf acoustique.

IX. à gauche. Nerf glossopharyngien.
IX. à droite. Le glossopharyngien se dirige en avant et en dedans à sa sortie du trou déchiré postérieur *(foramen jugulare)* et forme dans la fossette pétreuse le ganglion pétreux.

X. links. Nervus vagus.

X. rechts. Nervus vagus tritt innen neben der *vena jugularis interna* aus der Jugularöffnung und nimmt den *ramus internus* vom *nervus accessorius Willisii* auf. Der Stamm ist an der Stelle abgeschnitten, wo er beginnt den *plexus nodosus* zu bilden.

XI. links. Nervus accessorius Willisii.

XI. rechts. Nervus accessorius Willisii tritt hinten und innen aus der Jugularöffnung.

XII. links. Nervus hypoglossus.

XII. rechts. Nervus hypoglossus. Die Austrittsstelle ist gedeckt durch den nach vorn und aussen prominirenden *processus condyloideus ossis occipitis*.

a. a. Das erste Paar der Rückenmarksnerven. Links steht (a) auf der *arteria vertebralis*.

b. b. Das zweite Paar der Rückenmarksnerven.

1. Ganglion ciliare mit einigen Ciliarnerven etwas nach abwärts gezogen.

2. Ganglion sphenopalatinum, von welchem der *nervus Vidianus* nach rückwärts zieht.

3. Ganglion oticum Arnoldi mit dem in die Schädelhöhle gehenden *nervus petrosus superficialis minor.*

4. Nervus infratrochlearis mit dem auf die *lamina cribrosa* gehenden *nervus ethmoidalis.*

5. Nervus auricularis profundus posterior.

6. Der mit der *carotis interna* in die Schädelhöhle gehende *nervus sympathicus.*

7. Chorda tympani tritt zum *nervus lingualis trigemini.*

X. à gauche. Nerf pneumogastrique. (Nervus vagus).

X. à droite. Le pneumogastrique sort intérieurement de l'orifice jugulaire, près de la veine jugulaire, et s'unit au rameau interne de l'accessoire de Willis. Le tronc est coupé à l'endroit où il commence à former le plexus noueux.

XI. à gauche. Nerf accessoire de Willis ou spinal.

XI. à droite. Le nerf accessoire de Willis sort de derrière de l'orifice jugulaire.

XII. à gauche. Nerf hypoglosse.

XII. à droite. Nerf hypoglosse. Le point d'émergence est couvert par l'apophyse condyloïdien de l'os occipital qui proémine en avant et en dehors.

a. a. Première paire des nerfs spinaux. A gauche, se trouve (a) sur l'artère vertébrale.

b. b. Seconde paire des mêmes nerfs que ci-dessus.

1. Ganglion ciliaire avec quelques nerfs ciliaires auxquels on a fait prendre une direction un peu descendante.

2. Ganglion sphenopalatin d'où part le nerf Vidien pour se porter en arrière.

3. Ganglion otique d'Arnold avec le petit nerf pétreux superficiel qui se rend dans la fosse cranienne.

4. Nerf sous-trochléaire avec le nerf ethmoïdal qui se porte sur la *lamina cribrosa ossis ethmoidei.*

5. Nerf auriculaire profond postérieur.

6. Nerf sympathique entrant avec le carotide interne dans la fosse cranienne.

7. Corde du tympan qui va se joindre au nerf lingual du trijumeau.

Tafel 4.

<table>
<tr><td>

Figura IV.

Die Nerven der Augenhöhle, der zweite und dritte Ast des linken trigeminus von oben dargestellt.

</td><td>

Figure IV.

Les nerfs de l'orbite, la seconde et la troisième branche du trijumeau gauche est représenté d'en haut.

</td></tr>
</table>

A. A. Die bulbi oculi. Rechts sind der musc. levator palpebrae superioris, der m. rectus oculi superior und der nervus supraorbitalis entfernt, während links die drei Zweige des ersten Astes erhalten sind.	***A. A.*** Les bulbes de l'oeil. A droite ont été écartés le muscle élévateur de la paupière supérieure, le muscle droit supérieur de l'oeil et le nerf sus-orbitaire, tandis qu'à gauche les trois rameaux de la première branche sont conservés.
B. B. Die mittlere Schädelgrube. Rechts ist die harte Hirnhaut vollständig entfernt und links sind die unter den weggebrochenen Knochenparthieen liegenden Muskeln und Nerven zur Anschauung gebracht.	***B. B.*** Fosse crânienne médiane. A droite la dure-mère a été complètement écartée, et à gauche ont été rendus visibles les muscles et les nerfs que cachaient des parties osseuses maintenant enlevées.
C. Rechts ist das *tentorium cerebelli* theilweise abgetragen.	***C.*** A droite la tente du cervelet se trouve enlevée en partie.
C. Die linke Hälfte des *tentorium cerebelli* wurde durch die untenliegende entsprechende Kleinhirnhemisphäre in einem mässigen Grad der Spannung erhalten.	***C.*** La moitié gauche de la tente du cervelet a été maintenue à un certain degré de tension par l'hémisphère correspondant du cervelet subjacent.
I. Nervus olfactorius sinister. Rechts ist auf der *lamina cribrosa* der *nerv. ethmoidalis* dargestellt.	**I.** Nerf olfactif gauche. A droite sur la lame cribrée se voit le trajet du nerf ethmoïdal.
II. Nervi optici. Links ist die Scheide des *nerv. opticus* erhalten, während rechts der Nervenstamm in der Augenhöhle freigelegt ist.	**II.** Nerfs optiques. A gauche est conservée la gaine du nerf optique, tandis qu'à droite le tronc nerveux est mis à nu dans l'orbite.
III. Nervi oculomotorii. Der rechte *nerv. oculomotorius* ist in seinem Verlaufe über der *carotis cerebralis* bis zur Augenhöhle sichtbar, wo derselbe die kurze oder motorische Wurzel zum *ganglion ciliare* (8) sendet.	**III.** Nerfs oculo-moteurs communs. Le nerf oculo-moteur droit se montre dans son trajet par-dessus la carotide cérébrale jusqu'à l'orbite où il envoie au ganglion ciliaire (8) sa racine courte ou motrice.
IV. Nervi trochleares. Links ist die Durchtrittsstelle des Nerven durch die *dura mater* an dem innern Rande des *tentorium cerebelli* erhalten. Von dieser Stelle aus zieht derselbe auf dem *ramus primus nervi trigemini*, schräg über die Ursprungsstellen der Augenmuskeln zur Orbita und senkt sich in mehrere Fäden getheilt innen und oben in den *musc. obliquus oculi superior* (½). Rechts ist der Nerv etwas aus seiner Lage gebracht, um die sympathische Wurzel für den Ciliarknoten sehen zu können.	**IV.** Nerfs pathétiques ou trochléateurs. A gauche a été conservé le point d'émergence de ce nerf dans la dure-mère près du bord intérieur de la tente du cervelet. De ce point, passant sur le premier rameau du trijumeau, il s'étend obliquement par-dessus les origines des muscles oculaires jusqu'à l'orbite et s'abaisse, divisé en plusieurs filets, en dedans et en haut dans le muscle oblique supérieur de l'oeil (½). A droite le nerf est un peu écarté de sa position pour découvrir la racine sympathique destinée au ganglion ciliaire.
V. Nervi trigemini. Die linke Quintuswurzel ist umgeben von dem *tentorium cerebelli*. Das entsprechende halbmondförmige Ganglion ist jedoch von der harten Hirnhaut befreit. Rechts ist die in der Schädelhöhle liegende Abtheilung des *trigeminus* dargestellt.	**V.** Nerfs trijumeaux. La racine gauche du trijumeau est entourée de la tente du cervelet. Le ganglion semi-lunaire correspondant est débarrassé de la dure-mère. A droite est représentée la portion du trijumeau logée dans la cavité crânienne.
VI. Nervi abducentes. Der linke Nervenstamm tritt neben dem *clivus Blumenbachii* durch die *dura mater*. Rechts ist der Verlauf des *nerv. abducens* aussen im dem *sinus cavernosus*, dann die Lage desselben zu den benachbarten Nerven in der *fissura orbitalis superior* und die Eintrittsstelle in den *musc. rectus oculi externus* zur Anschauung gebracht.	**VI.** Nerfs abducteurs. Le tronc nerveux gauche traverse la dure-mère près du clivus de Blumenbach. A droite se voit en dehors le trajet du nerf abducteur dans le sinus caverneux, puis sa position relativement aux nerfs voisins dans la fissure orbitaire supérieure et son entrée dans le muscle droit externe de l'oeil.
VII. Nervus facialis der rechten Seite, welcher mit dem	**VII.** Nerf facial du côté droit qui entre avec le
VIII. Nervus acusticus in den *porus acusticus internus* eintritt. Der linke *facialis* und *acusticus* sind durch das *tentorium cerebelli* gedeckt.	**VIII.** Nerf auditif dans le conduit auditif interne. Le facial gauche et l'auditif sont couverts par la tente du cervelet.
IX. Nervus glossopharyngeus.	**IX.** Nerf glossopharyngien.
X. Nervus vagus s. pneumogastricus.	**X.** Nerf vague ou pneumo-gastrique.
XI. Nervus accessorius Willisii.	**XI.** Nerf accessoire de Willis.
XII. Nervus hypoglossus, welcher die in die Schädelhöhle tretende *arteria vertebralis* deckt. Die Zahl XII befindet sich auf der abgeschnittenen *medulla oblongata*.	**XII.** Nerf hypoglosse qui couvre l'artère vertébrale à l'entrée de celle-ci dans la cavité crânienne. Le nombre XII se trouve sur la moelle allongée qu'à été coupée.

a. *Musculus levator palpebrae superioris* und *m. rectus oculi superior.* Rechterseits sind dieselben bis zum Bulbus entfernt.

b. Die Eintrittstellen der beiden *nervi trochleares* in die obern schiefen Augenmuskeln.

c. *Nervus infratrochlearis.*

d. Die innere Fläche des *musc. temporalis.*

e. *musculus pterygoideus externus.*

1. 1. *Ganglion Gasseri.*

3. 2. *Ramus tertius nervi trigemini* geht unmittelbar nach seinem Ursprunge durch das *foramen ovale.*

3. *Ramus secundus,* welcher durch die mittlere Schädelgrube nach vorn gegen das *foramen rotundum* zieht, um durch dasselbe in die *fossa sphenopalatina* zu gelangen.

4. *Ramus primus s. ophthalmicus,* an welchem vorn der *nervus supraorbitalis* weggeschnitten ist.

5. *Radix sympathica s. trophica ganglii ciliaris.*

6. *Radix longa s. sensitiva ganglii ciliaris.*

7. *Nervus abducens.*

8. *Radix brevis s. motoria ganglii ciliaris.*

9. *Ganglion ciliare s. ophthalmicum.*

10. Die von dem *Ganglion* ausgehenden *nervi ciliares breves* laufen theils an der äussern, theils an der untern Seite des *nervus opticus* nach vorn zur *sclerotica,* welche von denselben durchbrochen wird. Die unter dem *n. opticus* durchtretenden *nervi ciliares breves* vereinigen sich mit dem von dem *nervus nasociliaris (12)* kommenden *nervus ciliaris longus* und treten an der innern und obern Seite gemeinschaftlich durch die *sclerotica.*

11. Der aussen von dem *ramus primus* abgehende *nerv. lacrymalis* senkt sich in die theilweise sichtbare Thränendrüse ein.

12. *Nervus nasociliaris,* welcher nach Abgabe des *nervus ciliaris longus* und den *n. infraorbitalis* unter dem innern schiefen Augenmuskel zum *foramen ethmoidale* gelangt, gibt der Schleimhaut der Siebbeinzellen einige Fäden und geht durch ein *foramen cribrosum* zur Nasenhöhle.

13. Der von dem *ramus primus* entspringende *nervus tentorii* umgreift mit seinen beiden Ursprungswurzeln den *n. trochlearis,* zieht nach rückwärts und verliert sich in dem *tentorium* und dem *sinus transversus.*

14. *Ramus secundus nervi trigemini.*

15. *Nervus supraorbitalis.*

16. *Nervus supratrochlearis.*

17. *Nervus lacrymalis,* welcher mit zwei Wurzeln entspringt.

18. Der in der Tiefe sichtbare *nervus subcutaneus malae.*

19. Die Verbindung desselben mit dem *nerv. lacrymalis.*

20. Der durch den *musc. pterygoideus externus* tretende *nervus buccinatorius,* welcher an der äussern Seite des Muskels einen *ramus temporalis* abgibt.

21. *Nervus pterygoideus externus.*

22. *Nervi temporales profundi (anterior* und *posterior).*

23. *Nervus massetericus.*

24. *Nervus auriculo-temporalis.*

25. *Nervus petrosus superficialis major.*

2. Linke. Die Zahl steht zwischen dem *ganglion Gasseri* und dem schwachen *nervus petrosus superficialis minor.*

a. Muscle élévateur de la paupière supérieure et muscle droit supérieure de l'oeil. A droite ces mêmes muscles ont été coupés jusqu'au balbe.

b. Points d'immergence des deux nerfs trochléateurs dans les muscles oculaires supérieurs obliques.

c. Nerf sous-trochléateur.

d. face interne du muscle temporal.

e. muscle ptérigoïdien externe.

1. 1. Ganglion de Gasser.

2. 2. troisième rameau du trijumeau qui dès son origine passe par le trou oval.

3. deuxième rameau qui se dirige en avant par la fosse crânienne mediane vers le trou rond pour pénétrer par celui-ci dans la fosse spheno-palatine.

4. premier rameau ou ophthalmique auquel a été coupé sur le devant le nerf naso-ciliaire.

5. racine sympathique ou trophique du ganglion ciliaire.

6. racine longue ou sensitive du ganglion ciliaire.

7. nerf abducteur.

8. racine courte ou motrice du ganglion ciliaire.

9. ganglion ciliaire ou ophthalmique.

10. les nerfs ciliaires courts, émergeant du ganglion, se portent en avant, partie du côté externe, partie du côté inférieur, vers la sclérotique qu'ils traversent. Les nerfs ciliaires courts qui passent sous le nerf optique s'unissent au nerf ciliaire long qui sort du nerf naso-ciliaire (12) et pénétrent ensemble par la sclérotique près du côté interne et supérieur.

11. nerf lacrymal, venant en dehors du premier rameau, descend dans la glande lacrymale rendue visible en partie.

12. nerf naso-ciliaire qui, après avoir fourni le nerf ciliaire long et le nerf sous-orbitaire, arrive par-dessous le muscle oculaire oblique interne jusqu'au trou ethmoidal, donne quelques filets à la pituitaire des alvéoles ethmoïdaux et arrive par un trou criblé à la cavité nasale.

13. Le nerf du cervelet, partant du premier rameau, embrasse de ses deux racines primitives le nerf trochléateur, se porte en arrière et va se perdre dans la tente et le sinus transverse.

14. deuxième rameau du trijumeau.

15. nerf sus-orbitaire.

16. nerf sus-trochléateur.

17. nerf lacrymal, émergeant avec deux racines.

18. nerf sous-cutané malaire, visible dans le fond.

19. anastomose du nerf ci-dessus avec le nerf lacrymal.

20. nerf buccinateur, passant par le muscle ptérygoïdien externe et fournissant du côté externe du muscle un rameau temporal.

21. nerf ptérygoïdien externe.

22. nerfs temporaux profonds (antérieur et postérieur).

23. nerf massétérin.

24. nerf auriculo-temporal.

25. nerf pétreux superficiel grand.

2. à gauche. Le chiffre se trouve entre le ganglion de Gasser et le nerf pétreux superficiel petit.

Tafel 5.

Figura V.	Figure V.
Ramus tertius nervi trigemini von aussen dargestellt.	*Rameau troisième du nerf trijumeau représenté de dehors.*

<table>
<tr><td>

Der *processus coronoideus* des Unterkiefers ist mit der ihn umgreifenden Sehne des *musculus temporalis* entfernt, der *musc. masseter* etwas zurückgeschlagen und der Jochbogen herausgesägt. In dem aufgebrochenen Unterkiefer sind die Zahnwurzeln unvollständig zu sehen.

a. Musculus temporalis. Nach oben ist auf demselben die *fascia temporalis* erhalten; die untere Hälfte des Muskels ist entfernt.

b. Musc. pterygoideus externus.

c. Musc. pterygoideus internus.

d. Musc. masseter.

e. Musc. buccinator.

f. Ein Stück des *musc. orbicularis oris*; der grössere Theil desselben wurde entfernt, um die unter ihm liegenden *glandulae labiales* sichtbar zu machen.

g. Mus. levator anguli oris.

h. Musc. compressor nasi.

i. Musc. orbicularis palpebrarum.

k. Musc. sterno-cleido-mastoideus.

l. Musc. splenius capitis und colli.

1. Der aus der *fossa sphenopalatina* durch die *fissura orbitalis inferior* tretende *nerv. infraorbitalis* mit dem *nerv. subcutaneus malae* noch theilweise sichtbar.

2. Der *ramus facialis* vom *n. subcutaneus malae* erscheint auf der Antlitzfläche des Jochbeins.

3. Nervi alveolares superiores posteriores.

4. Nervus massetericus.

5. Nervi temporales profundi (anterior und posterior).

6. Nerv. buccinatorius tritt durch den *musc. pterygoideus externus* und giebt den constant vorkommenden *ramus temporalis* ab. Die über den Nerven weggehenden Fasern des Muskels sind entfernt.

7. Nerv. pterygoideus externus.

8. Nerv. auriculo-temporalis.

9. Rami communicantes cum nervo faciali.

10. Nervi meatus auditorii externi.

11. Nervi auriculares anteriores.

12. Nervi temporales superficiales.

13. Nerv. lingualis.

14. Nerv. maxillaris inferior s. mandibularis.

15. Nerv. mylohyoideus.

16. Nerv. maxillaris bildet den *plexus dentalis inferior* (Fig. VII. 14), aus welchem die *nervi dentales* und *gingivales* für die Zahnwurzeln und das Zahnfleisch abtreten.

17. Nerv. mentalis.

18. Nerv. facialis ist abgeschnitten.

</td><td>

L'apophyse coronoïde de la mâchoire inférieure a été éloignée avec le tendon du muscle temporal, le muscle masséter est un peu refoulé et l'arcade est sciée. A la mâchoire inférieure ouverte les racines dentaires ne sont qu'imparfaitement visibles.

a. Muscle temporal. Vers le haut l'aponévrose temporale est conservée. La moitié inférieure du muscle est écartée.

b. Muscle ptérygoïdien externe.

c. Muscle ptérygoïdien interne.

d. Muscle masséter.

e. Muscle buccinateur.

f. Une partie du muscle orbiculaire des lèvres; la plus grande portion en a été écartée, pour faire voir les glandules labiales qu'il recouvre.

g. Muscle élévateur de l'angle de la bouche.

h. Muscle compresseur du nez.

i. Muscle orbiculaire des paupières.

k. Muscle sterno-cléido-mastoïdien.

l. Muscle splenius de la tête et du cou.

1. Le nerf sous-orbitaire sortant de la fosse sphénopalatine par la fissure orbitaire inférieure avec le nerf souscutané malaire visible encore en partie.

2. Rameau facial du nerf sous-cutané malaire paraissant dans la région zygomatique.

3. Nerfs alvéolaires supérieurs postérieurs.

4. Nerf massétérin.

5. Nerfs temporaux profonds, (antérieur et postérieur).

6. Nerf buccal traversant le muscle ptérygoïdien externe et fournissant toujours le rameau temporal. Les fibres du muscle qui s'étendent sur le nerf sont écartées.

7. Nerf ptérygoïdien externe.

8. Nerf auriculo-temporal.

9. Rameaux qui communiquent avec le nerf facial.

10. Nerfs du conduit auditif externe.

11. Nerfs auriculaires antérieurs.

12. Nerfs temporaux superficiels.

13. Nerf lingual.

14. Nerf maxillaire inférieur ou mandibulaire.

15. Nerf mylohyoïdien.

16. Nerf maxillaire formant le plexus dentaire inférieur (Fig. VII. 14) d'où sortent les nerfs dentaires et gencivaux pour les racines des dents et la gencive.

17. Nerf mentonnier.

18. Nerf facial coupé.

</td></tr>
</table>

Tafel 6.

Figura VI.	Figure VI.
Der Austritstheil des nervus facialis.	*Ramification du nerf facial sur le visage.*

a. Musculus sternohyoideus.
b. Musc. omohyoideus.
c. Musc. sternothyreoideus und Ursprungsbündel der constrictores pharyngis.
d. Musc. sternocleidomastoideus.
e. Musc. splenius colli und capitis.
f. Musc. cucullaris.
g. Hinterer Bauch des musc. biventer maxillae inferioris.
h. Musc. stylohyoideus.
i. Musc. masseter.
k. Musc. triangularis menti. Der mittlere Theil dieses Muskels sowie Parthieen des musc. orbicularis oris und quadratus menti sind entfernt, damit die Austrittsstelle des *nervus mentalis* sichtbar wurde.
l. Musc. quadratus menti.
m. Musc. orbicularis oris.
n. Musc. buccinator.
o. Musc. zygomaticus major.
p. Musc. levator anguli oris.
q. Musc. depressor alae nasi.
r. Musc. levator labii superioris proprius. Der Muskel ist bis auf die Ursprungsstelle entfernt, um den Austritt des *nervus infraorbitalis* sichtbar zu machen.
s. Musc. compressor nasi.
t. Musc. levator alae nasi.
u. Musc. procerus.
v. Musc. orbicularis palpebrarum.
w. Musc. frontalis.
x. Musc. levator auriculae.
y. Musc. occipitalis.
z. Musc. retrahens auriculae.

1. Die Austrittsstelle des *nervus facialis* aus dem *foramen stylomastoideum*. Die an dieser Stelle ihn umgebende *glandula parotis* ist vollständig entfernt.
2. Nervus auricularis profundus posterior.
3. Ramus stylohyoideus.
4. Ramus digastricus.
5. Rami communicantes vom nervus auriculo-temporalis.
6. Pes anserinus major.
7. Nervus auriculo-temporalis steigt zur Schläfengegend empor und gibt auf diesem Wege die nervi auriculares anteriores ab.
8. Nervi temporales n. facialis gelangen zum musc. orbicularis palpebrarum und stehen mit dem nerv. frontalis, wie auch nach rückwärts mit dem nerv. auriculo-temporalis in Verbindung.
9. Nervi zygomatici.

a. Muscle sternohyoïdien.
b. Muscle omoplathyoïdien.
c. Muscle sternothyroïdien avec l'origine du faisceau des constricteurs du pharynx.
d. Muscle sternocléïdomastoïdien.
e. Muscle splénius du cou et de la tête.
f. Muscle trapèze.
g. Ventre postérieur du muscle digastrique.
h. Muscle stylohyoïdien.
i. Muscle masséter.
k. Muscle triangulaire mentonnier. La partie moyenne de ce muscle, ainsi que des portions du muscle orbiculaire oral et du muscle carré mentonnier ont été écartées pour laisser voir le point d'émergence du nerf mentonnier.
l. Muscle carré mentonnier.
m. Muscle orbiculaire oral.
n. Muscle buccinateur.
o. Muscle zygomatique grand.
p. Muscle élévateur de l'angle de la bouche.
q. Muscle abaisseur de l'aile du nez.
r. Muscle élévateur propre de la lèvre supérieure. Le muscle a été enlevé jusqu'à son point de naissance pour découvrir le point d'émergence du nerf sous-orbitaire.
s. Muscle compresseur du nez.
t. Muscle élévateur de l'aile du nez.
u. Musc. procerus.
v. Muscle orbiculaire des paupières.
w. Muscle frontal.
x. Muscle élévateur de l'auricule.
y. Muscle occipital.
z. Muscle auriculaire postérieur.

1. Point d'émergence du nerf facial hors de l'orifice stylomastoïdien. La glande parotide qui l'entoure est complètement éloignée.
2. Nerf auriculaire profond postérieur.
3. Rameau stylohyoïdien.
4. Rameau digastrique.
5. Rameaux de communication du nerf auriculo-temporal.
6. Pes anserinus major.
7. Nerf auriculo-temporal qui s'élève jusqu'à la région des tempes pour donner sur ce trajet les nerfs auriculaires antérieurs.
8. Nerfs temporaux du n. facial qui arrivent au muscle orbiculaire palpébral et communiquent avec le nerf frontal, ainsi que par-derrière avec le nerf auriculo-temporal.
9. Nerfs zygomatiques.

10. *Nervi buccales*, welche mit dem *nerv. buccinatorius trigemini* und dem *nerv. infraorbitalis* in Verbindung treten.
11. *Nervus subcutaneus maxillae inferioris.*
12. *Nervus subcutaneus colli superior.*
13. Verbindungsfäden zum
14. *Nervus subcutaneus colli medius.*
15. *Nervus auricularis magnus*, welcher einen Zweig zum *nerv. auriculo-temporalis* sendei.
16. *Nervus occipitalis minor.*
17. Der aus dem *foramen mentale* herausstretende *nerv. mentalis*, welcher die Verbindungsfäden vom *nerv. facialis* (γ) aufnimmt.
18. Der unter dem *musc. masseter* sichtbar werdende *nerv. buccinatorius*. Die Anastomosen mit dem *nerv. facialis* (β) sind sehr stark.
19. *Nervus infraorbitalis* zieht unter dem abgetragenen *musc. levator labii superioris proprius* zur Seitenfläche der Nase und zur Haut und Schleimhaut der Oberlippe. Nach seiner Austrittstelle aus dem *foramen infraorbitale* bildet er in Verbindung mit dem *nervus facialis* (α) den *pes anserinus minor.*
20. Der an dem untern Rande des Nasenbeines sichtbar werdende *nervus nasalis externus* vom ersten Aste des *trigeminus* tritt unter dem *musc. compressor nasi* zur Haut der Nasenspitze.
21. *Nervus infratrochlearis.*
22. *Nervus supratrochlearis.*
23. *Nervus frontalis*, welcher in mehrere Zweige getheilt durch den *musc. frontalis* hindurch tritt und sich in der Haut der Stirngegend verbreitet.
24. *Nervus occipitalis major.*
A. *Arteria carotis communis.*
B. *Vena jugularis interna.*
C. *Glandula submaxillaris* mit der durch dieselbe tretenden *arteria facialis.*
D. *Arteria temporalis superficialis* mit der *arteria transversa faciei.*
E. Der quer über den *musc. masseter* ziehende *ductus Stenonianus.* Die *glandula parotis* ist vollständig entfernt.

10. Rameaux buccaux qui communiquent avec le nerf buccal trijumeau et le nerf sous-orbitaire.
11. Nerf sous-cutané de la mâchoire inférieure.
12. Nerf cervical sous-cutané supérieur.
13. Filets anastomotiques pour le nerf suivant.
14. Nerf cervical sous-cutané moyen.
15. Nerf auriculaire grand qui envoie un rameau au nerf auriculo-temporal.
16. Nerf occipital petit.
17. Nerf mentonnier sortant de l'orifice mentonnier qui reçoit les filets anastomotiques du facial (γ).
18. Nerf buccal qui se montre sous le muscle masséter. Les anastomoses avec le nerf facial (β) sont très-fortes.
19. Le nerf sous-orbitaire passe sous l'élévateur propre de la lèvre supérieure, qui est écarté, et se porte à la face latérale du nez, jusqu'à la peau et à la pituitaire de la lèvre supérieure. Au-delà de son point d'émergence hors de l'orifice sous-orbitaire, il forme par son union avec le nerf facial (α) le pes anserinus minor.
20. Le nerf nasal externe de la première branche du trijumeau qui devient visible sous le bord inférieur de l'os nasal se porte sous le musc. compresseur du nez jusqu'à la peau de la pointe du nez.
21. Nerf sous-trochléaire.
22. Nerf sus-trochléaire.
23. Nerf frontal qui, divisé en plusieurs rameaux, traverse le muscle frontal et se ramifie dans la peau de la région frontale.
24. Nerf occipital grand.
A. Artère carotide commune.
B. Veine jugulaire interne.
C. Glande sous-maxillaire avec l'artère faciale qui la traverse.
D. Artère temporale superficielle avec la transverse faciale.
E. Conduit Sténonien qui passe obliquement sur le muscle masséter. La glande parotide est complètement écartée.

Tafel 7.

Figura VII.	**Figure VII.**

Figura VII.

*Der rechte nervus trigeminus wurde aus den Knochen und Weich-
theilen herausgearbeitet und auf einer Wachsplatte aufgesteckt,
so dass die inneren Flächen der Stämme und die an denselben
hängenden Ganglien sichtbar sind.*

A. Die grosse Wurzel geht in das *ganglion Gasseri* über, während
die kleine an der inneren Fläche vorbeigeht und sich zum dritten
Aste gesellt.

1. Ramus primus, der sich bald nach seinem Ursprunge in den
nervus supraorbitalis und in den *n. nasociliaris* theilt. Der *n. lacrymalis* ist nicht erhalten.

1. *Nervus oculomotorius* gibt die kurze oder motorische Wurzel zum
ganglion ciliare. In dem vorliegenden Präparat bleibt die Wurzel
mit dem für den *musc. obliquus oculi inferior* bestimmten Zweige
noch eine kurze Strecke vereinigt.

2. *Nerv. nasociliaris*, von welchem die lange oder *sensitive* Wurzel
zum *ganglion ciliare* tritt und zwischen beiden zieht die sympathische
Wurzel zu dem

3. *Ganglion ciliare*. Der Augenknoten gibt die *nervi ciliares breves*
zum Auge, die sich mit einem *nervus ciliaris longus* vom *nasociliaris*
vereinigen und die *sclerotica* durchbrechen, um zwischen ihr und
der *Chorioidea* zur Iris zu gelangen.

II. Ramus secundus. Der Stamm sendet zwei nahe aneinander liegende
Zweige nach abwärts, die sich in das *ganglion sphenopalatinum*
einsenken, aus welchem ein, öfter auch mehrere Zweige emporsteigen
und mit dem *nervus infraorbitalis* peripherisch weitergeben. Die
Bündel des Nervenstammes liegen lose zusammen und bilden einen
unvollständigen *plexus*. An der Austrittstelle aus dem *foramen.
infraorbitale* ist derselbe abgeschnitten.

III. Ramus tertius mit dem dicht an dem Stamme anliegenden *ganglion
oticum Arnoldi*, welches Fasern aus der kleinen und grossen Wurzel
erhält. Man sieht den grössten Theil der kleinen Wurzel an dem
Ganglion vorbeigehen.

5. *Nerv. maxillaris inferior s. mandibularis.*

Eine Theilung in den *nervus alveolaris inferior* und *n. mentalis*
findet bald nach Eintritt in den Alveolarkanal statt. Die Zweige
des *n. alveolaris* theilen sich vielfach in Zusammenhang, wodurch der
plexus alveolaris inferior (14) entsteht, der die kleinen *nervi dentales* und *gingivales* für die Zähne und das Zahnfleisch abgibt.

6. *Nerv. lingualis* bildet über der *glandula submaxillaris* (12) ein
Geflecht, *plexus sublingualis* (8), aus welchem eine Anzahl Zweige
(10) zu dem *ganglion sublinguale* (9) treten, die in der Drüsen-
substanz und deren Ausführungsgange (*ductus Whartonianus* 11)
sich auflösen. Eine Anzahl Fasern treten ferner von dem Ganglion
zu dem peripherisch weiter laufenden Stück des *nerv. lingualis*.
Das Verhalten der *chorda tympani* zum Zungennerven ist hier
photographisch getreu wiedergegeben. Die *glandula sublingualis*
(13) wird von Fasern des Zungennervenstammes versorgt; nur wenig
Zweige erhält dieselbe von dem Zangenknoten.

Figure VII.

*Le trijumeau droit a été débarrassé des os et des parties molles
et placé sur une tablette de cire, de manière à faire voir les
faces internes des troncs et les ganglions qui s'y attachent.*

A. La grosse racine se rend dans le ganglion de Gasser, tandis que
la petite passe près de la face interne pour s'unir à la troisième branche.

I. Rameau premier qui, bientôt après son origine, se divise en nerf
sus-orbitaire et en nerf naso-ciliaire. Le lacrymal est enlevé.

1. Nerf moteur oculaire qui fournit la racine courte ou motrice au
ganglion ciliaire. Dans notre préparation, la racine reste encore
unie pour un court trajet avec la branche destinée au muscle oblique
oculaire inférieur.

2. Nerf naso-ciliaire d'où part la racine longue ou sensitive pour s'unir
au ganglion ciliaire et, passant entre les deux, la racine sympathique
se porte vers le ganglion ophthalmique.

3. Ganglion ophthalmique. Le ganglion ciliaire fournit à l'œil les nerfs
ciliaires courts qui s'unissent au nerf ciliaire long du naso-ciliaire et
traversent la sclérotide pour arriver à l'iris en passant entre elle et
la chorioïde.

II. Rameau second. Le tronc envoie vers le bas deux rameaux assez
rapprochés qui vont se déprimer dans le ganglion sphénopalatin, d'où
s'élèvent une ou souvent plusieurs rameaux et continuent de cheminer
avec le nerf sous-orbitaire. Les faisceaux se réunissent mais forte
adhérence et forment un plexus incomplet. Ce plexus a été coupé à
son point d'émergence de l'orifice sous-orbitaire.

III. Rameau troisième avec le ganglion otique qui s'y trouve accolé
et qui reçoit des fibres de la grande et de la petite racine. On voit
passer près du ganglion la plus grande partie de la petite racine.

5. Nerf maxillaire inférieur ou mandibulaire.

Il se divise bientôt après son entrée dans le canal alvéolaire en
nerf alvéolaire inférieur et en nerf mentonnier. Les rameaux de
l'alvéolaire se divisent et il s'opère diverses connexions tant entre
eux qu'avec le nerf mentonnier, d'où résulte le plexus alvéolaire inférieur (14), qui fournit les nerfs dentaires et gencivaux pour les
dents et la gencive.

6. Nerf lingual formant au-dessus de la glande sous-maxillaire (12) le
plexus sous-lingual (8), d'où se porte au ganglion sous-lingual (9)
une série de rameaux (10) qui se perdent dans la substance de la
glande et le canal de Warthon (11). Une série de fibres se porte
en outre du ganglion à la portion du nerf lingual qui chemine
vers la périphérie. Les anastomoses de la corde du tympan avec
le nerf lingual se trouvent fidèlement rendues par la photographie.
La glande sublinguale (13) reçoit ses fibres des nerfs linguaux; elle
ne reçoit que quelques rameaux du ganglion sublingual.

Figura VIII.

Rechtes ganglion Gasseri mit den drei Ästen von aussen gesehen.

(Die Ganglien wurden in verdünnte Essigsäure gelegt und dann scharf präparirt).

1. Die kleine Wurzel zieht innen neben der grossen nach vorn und unten und wird am vordern Rande des dritten Astes (6) sichtbar.
2. Die grosse Wurzel bildet den *plexus triangularis*.
3. Die gangliöse Anschwellung des Semilunarknotens.
4. *Ramus primus s. ophthalmicus.*
5. *Ramus secundus.*
6. *Ramus tertius.*

Figura IX.

Das linke ganglion Gasseri von innen gesehen.

1. Die kleine Wurzel, welche ein Bündel zu der grossen sendet, zieht an dem Ganglion vorbei zum dritten Ast.
2. *Plexus triangularis* von innen gesehen.
3. Innere Fläche des Knotens mit seinen drei Aesten.

Figura X.

Die beiden nervi optici von ihren Ursprüngen bis zu den beiden Bulbi dargestellt.

1. Die durchschnittenen *crura cerebri*.
2. Die *corpora quadrigemina*.
3. *Substantia perforata posterior.*
4. *Corpora mammillaria.*
5. *Thalami optici.*
6. *Corpora geniculata externa.*
7. *Tractus optici.*
8. *Chiasma nervorum opticorum.*
9. Der linke *nervus opticus* ist von seiner Scheide befreit.
10. Scheide mit Ursprung der Augenmuskeln von dem rechten *nerv. opticus*. Der *musculus rectus oculi inferior* ist entfernt.
11. *Nerv. nasociliaris* mit einem *nervus ciliaris longus*.
12. Die drei Wurzeln des Augenknotens.
13. *Ganglion ciliare*, von welchem die
14. *Nervi ciliares breves* zum Bulbus treten.
15. Ein Stück der Sclerotica ist entfernt, damit der Verlauf der Ciliarnerven auf der Chorioidea sichtbar wurde.

Figura XI.

Die linke carotis cerebralis mit dem plexus caroticus und die Verbindungen desselben mit dem ganglion Gasseri und den Augenmuskelnerven.

1. *Carotis cerebralis.*
2. *Ganglion cervicale supremum nervi sympathici* theilweise abgeschnitten.
3. *Ramus internus nervi sympathici.*
4. *Ramus externus nervi sympathici.*
5. *Ganglion semilunare nervi trigemini.*
6. *Nervus abducens* erhält Fäden vom *nerv. sympathicus.*
7. *Nerv. trochlearis*, welcher von dem *nerv. sympathicus* und dem *ramus primus nervi trigemini* Fäden erhält.
8. *Plexus triangularis quinti paris.*
9. *Nerv. oculomotorius*, welcher sympathische Fäden aufnimmt.

Figure VIII.

Ganglion droit de Gasser avec les trois branches, vu de l'extérieur.

(Les ganglions ont été mis dans un acide acétique étendu et puis préparés avec soin).

1. La petite racine passe en dedans près la grande, se dirigeant en avant et en bas et devenant visible près du bord antérieur de la troisième branche (6).
2. La grande racine forme le plexus triangulaire.
3. Le renflement ganglieux du ganglion sémi-lunaire.
4. Rameau premier ou ophthalmique.
5. Rameau deuxième.
6. Rameau troisième.

Figure IX.

Ganglion gauche de Gasser, vu de l'intérieur.

1. La petite racine qui envoie un faisceau à la grande, après avoir passé devant le ganglion, s'unit à la troisième branche.
2. Plexus triangulaire, vu de l'intérieur.
3. Face interne du ganglion avec ses trois branches.

Figure X.

Les deux nerfs optiques, représentés depuis leurs origines jusqu'aux deux bulbes.

1. Pédoncules cérébraux.
2. Tubercules quadrijumeaux.
3. Substance perforée postérieure.
4. Tubercules mamillaires.
5. Couches optiques.
6. Corps genouillés externes.
7. Tractus optiques.
8. Chiasma des nerfs optiques.
9. Nerf gauche optique, débarrassé de sa gaine.
10. Gaine et origine des muscles oculaires du nerf droit optique. Le muscle droit inférieur a été écarté.
11. Nerf naso-ciliaire avec un nerf ciliaire long.
12. Les trois racines du ganglion ophthalmique.
13. Ganglion ciliaire d'où émanent
14. Les nerfs ciliaires courts pour se porter au bulbe.
15. Une portion de la sclérotique est écartée pour laisser voir le trajet des nerfs ciliaires sur la chorioïde.

Figure XI.

La carotide cérébrale gauche avec le plexus carotide et les anastomoses du dernier avec le ganglion de Gasser et les nerfs des muscles oculaires.

1. Carotide cérébrale.
2. Ganglion cervical supérieur du nerf sympathique, mais en partie coupé.
3. Rameau interne du nerf sympathique.
4. Rameau externe du nerf sympathique.
5. Ganglion sémi-lunaire du nerf trijumeau.
6. Le nerf moteur oculaire externe reçoit des filets du nerf sympathique.
7. Nerf pathétique qui reçoit des filets du nerf sympathique et du rameau premier du nerf trijumeau.
8. Plexus triangulaire de la cinquième paire.
9. Nerf moteur oculaire commun qui reçoit des filets sympathiques.

Tafel 8.

Figura XII.

Nervus trigeminus und plexus tympanicus von aussen dargestellt.

Figure XII.

Nerf trijumeau et plexus tympanique représentés de dehors.

---

a. *Glandula submaxillaris.*
b. *Musculus sternohyoideus.*
c. *Musc. thyreohyoideus.*
d. *Pharynx.*
e. *Musc. rectus capitis anticus major und musc. longus colli.*
f. *Ursprungssacken der musculi scaleni.*
g. *Musc. semispinalis cervicis.*
h. *Musc. obliquus capitis inferior.*
i. *Musc. rectus capitis posticus major.*
k. *Musc. obliquus capitis superior.*
l. *Musc. pterygoideus internus.*
m. *Musc. pterygoideus externus.*
n. *Musc. buccinator.*
o. *Musc. orbicularis oris.*
p. *Musc. orbicularis palpebrarum.*
g. *Musc. rectus oculi inferior und der darüber theilweise sichtbare musc. rectus oculi internus.*
r. *Musc. rectus oculi superior.*
1. *Nervus trochlearis.*
2. *Nerv. oculomotorius*, welcher sich während des Eintretens in die *fissura orbitalis superior* in den *ramus superior* und *inferior* theilt; von dem oberen Aste sind
3. die zwei Zweige für den *musculus rectus oculi superior* und den *levator palpebrae superioris* sichtbar.
4. Dessen *ramus inferior.*
5. Der zu dem *musc. obliquus oculi inferior* gehende starke Zweig.
6. Die zwei Zweige für den *musc. rectus oculi inferior* und *internus.*
7. *Ganglion ciliare* mit den in der Umgebung des *nerv. opticus* gegen die hintere Bulbusfläche verlaufenden *nervi ciliares breves.*
8. Die in das *ganglion Gasseri* übergehende grosse Wurzel des *nerv. trigeminus.*
9. *Ramus primus nervi trigemini s. ophthalmicus.*
10. *Ramus secundus s. maxillaris superior*, welcher durch das theilweise erhaltene *foramen rotundum* in die *fossa sphenopalatina* tritt und zu dem gleichnamigen Ganglion
11. zwei Zweige sendet. Einige Fäden gehen aus dem Ganglion in die peripherische Bahn des *nerv. infraorbitalis.*
12. Die aus dem *nerv. infraorbitalis* in dem theilweise aufgebrochenen Oberkiefer nach abwärts zu den Zahnwurzeln verlaufenden *nervi dentales posteriores.*
13. *Nervi dentales medii und anteriores* vereinigen sich mit den hintern Zahnnerven zu dem über den Zahnwurzeln liegenden
14. *plexus dentalis superior.* Die aus dem Geflecht und dem *ganglion supramaxillare* hervorgehenden *nervi dentales* und *gingivales* treten in die Zahnwurzeln und zwischen denselben durch Knochenkanälchen zum Zahnfleisch.
15. *Nerv. infraorbitalis* theilweise an der Austrittsstelle freiliegend.
16. Die an der innern Augenhöhlenwand nach aufwärts steigenden *nervi sphenoethmoidalis.*
17. *Nerv. pterygopalatinus* läuft in mehrere Zweige getheilt in dem gleichnamigen Kanal nach abwärts. (S. Fig. XIII. 6.)
18. *Nerv. Vidianus* erscheint in dem von aussen aufgebrochenen gleichnamigen Kanal; derselbe nimmt den *nerv. petrosus profundus major* aus dem *plexus caroticus* auf. (S. kleine Fig. 43. 46.)

---

a. Glande sous-maxillaire.
b. Muscle sternohyoïdien.
c. Muscle thyrohyoïdien.
d. Pharinx.
e. Muscle droit antérieur grand de la tête et muscle long du cou.
f. Origines des muscles scalènes.
g. Muscle semispinal cervical.
h. Muscle oblique inférieur de la tête.
i. Muscle droit postérieur grand de la tête.
k. Muscle oblique supérieur de la tête.
l. Muscle ptérigoïdien interne.
m. Muscle ptérigoïdien externe.
n. Muscle buccinateur.
o. Muscle orbiculaire de la bouche.
p. Muscle orbiculaire des paupières.
g. Muscle droit inférieur de l'oeil et le muscle droit oculaire interne qui est rendu visible en partie au-dessus du premier.
r. Muscle droit supérieur de l'oeil.
1. Nerf trochléateur ou pathétique.
2. Nerf moteur oculaire commun qui, à son entrée dans la fissure orbitaire supérieure, se divise en rameau supérieur et rameau inférieur; de la branche supérieure sont visibles
3. les deux rameaux destinés au muscle droit supérieur de l'oeil et à l'élévateur de la paupière supérieure.
4. Rameau inférieur.
5. Le rameau fort qui se porte au muscle oblique inférieur de l'oeil.
6. Les deux rameaux pour les muscles droit inférieur et interne de l'oeil.
7. Ganglion ciliaire avec les nerfs ciliaires courts qui se perdent dans le voisinage du nerf optique vers la face postérieure du bulbe.
8. La grande racine du nerf trijumeau qui se rend dans le ganglion de Gasser.
9. Rameau premier du trijumeau ou rameau ophthalmique.
10. Rameau second ou maxillaire supérieur qui se rend par le trou conservé en partie dans la fosse sphénopalatine et envoie au ganglion de même nom
11. deux rameaux. Quelques filets se rendent du ganglion dans la voie périphérique du nerf sous-orbitaire.
12. Nerfs dentaires postérieurs qui, partant du nerf sous-orbitaire de la mâchoire supérieure ouverte en partie, vont en descendant se perdre aux racines dentaires.
13. Nerfs dentaires moyens et antérieurs qui s'unissent avec les nerfs dentaires postérieurs au
14. plexus dentaire supérieur, placé au-dessus des racines dentaires. Les nerfs dentaires et gingivaux, émanant du plexus et du ganglion sous-maxillaire, pénétront dans les racines dentaires et entre celles-ci par de petits canaux osseux jusqu'à la gencive.
15. Nerf sous-orbitaire, isolé en partie à son point d'émergence.
16. Nerfs sphéno-ethmoïdaux, prenant une direction ascendante sur la cloison interne de l'orbite.
17. Nerf sphéno-palatin qui parcourt, divisé en plusieurs rameaux, le canal de même nom et se rend en descendant à la muqueuse du palais. (Voir fig. XIII, 6.)
18. Nerf Vidien qui se voit dans le canal de même nom, ouvert de dehors; il reçoit du plexus carotidien le nerf pétreux profond grand. (Voir la petite figure, 43. 46.)

19. *Nerv. petrosus superficialis major* gelangt auf der vordern Felsenbeinfläche zum *ganglion geniculi nervi facialis*. (S. kleine Fig. 19. 45.)
20. *Nerv. buccinatorius* tritt durch den obern Theil des abgeschnittenen *musc. pterygoideus externus* zum *musc. buccinator*.
21. *Nerv. pterygoideus externus*.
22. *Nerv. pterygoideus internus*.
23. *Nerv. alveolaris inferior* und *nerv. mylohyoideus*; der erstere erscheint in dem aufgebrochenen Alveolarkanal und sendet die *nervi dentales inferiores* und *gingivales* in das Innere der Zähne und zu dem Zahnfleisch.
24. *Nerv. lingualis*, welcher die
25. *chorda tympani* aufnimmt.
26. *Nerv. sympathicus* geht als *plexus caroticus cerebralis* nach der Schädelhöhle und sendet die nach rückwärts tretenden Fäden an den *nervus glossopharyngeus* und *vagus*.
27. *Nerv. glossopharyngeus* bildet an der untern Felsenbeinfläche das *ganglion petrosum*, von welchem der *nerv. Jacobsonii* (s. kleine Fig. 37) zu dem auf dem *promontorium tympani* freiliegenden *plexus tympanicus* tritt.
28. *Nerv. vagus*, welcher in dem *foramen jugulare* das gleichnamige Ganglion und nach seinem Austritt den *plexus nodosus vagi* bildet.
29. *Nerv. accessorius Willisii* sendet seinen *ramus internus* zum *n. vagus*.
30. Der abgeschnittene *nerv. facialis* ist auf dem *processus transversus atlantis* befestigt.
31. *Nerv. hypoglossus*, welcher aus der Tiefe hervortritt, nimmt Zweige des *nerv. cervicalis primus* (33) auf.
32. *Nerv. laryngeus superior*.
33. Der unter dem zur Hälfte erhaltenen *musc. rectus capitis lateralis* nach vorn tretende *nerv. cervicalis primus* gibt Verbindungszweige zu dem *nerv. vagus* und *hypoglossus* und bildet mit dem
34. *nerv. cervicalis secundus* die erste Schlinge, aus welcher Zweige zu dem *musc. longus colli* und *rectus capitis anticus major* und *minor* gehen.
35. *Nerv. cervicalis tertius*.
36. *Nervuli carotico-tympanici* s. *nervi petrosi profundi minores*, welche den *plexus caroticus* und *plexus tympanicus* mit einander in Verbindung setzen. Der obere wird in den Handbüchern unter dem Namen *nerv. petrosus profundus minor* aufgeführt.
37. *Nerv. Jacobsonii nervi glossopharyngei* senkt sich in den *plexus tympanicus* ein.
38. *Ganglion oticum*, welches am hintern Rande des *ramus tertius nervi trigemini* sichtbar ist, sendet den *nerv. petrosus superficialis minor* nach oben gegen die vordere Felsenbeinfläche, wo derselbe einen Faden zum *nerv. facialis* schickt und dann gedeckt von der Sehne des *nerv. tensor tympani* und der *chorda tympani* nach dem *promontorium* zum *plexus tympanicus* verläuft.
39. *Nerv. tensoris tympani* senkt sich in den freigelegten gleichnamigen Muskel ein.
40. *Plexus tympanicus* bildet an dem verwendeten Präparat einen ovalen Bogen, von welchem nach verschiedenen Richtungen die Nerven abgehen.
41. Der von dem *plexus tympanicus* zum runden Fenster gehende Faden.
42. Der zum ovalen Fenster gehende Zweig.
43. *Nerv. petrosus profundus major*.
44. *Ramus tubae Eustachianae*, welcher unter dem *ramus tertius nervi trigemini* zur Ohrtrompete gelangt.
45. Die Theilungsstelle des *nerv. Vidianus* in den *nervus petrosus superficialis major* und den
46. *nerv. petrosus profundus major*.

19. Nerf pétreux superficiel grand qui arrive sur la face antérieure du rocher au ganglion génicülé du nerf facial. (Voir la petite fig. 19. 45.)
20. Nerf buccinateur se rendant au muscle de même nom par la partie supérieure du muscle ptérygoïdien externe coupé.
21. Nerf ptérygoïdien externe.
22. Nerf ptérygoïdien interne.
23. Nerf alvéolaire inférieur et nerf mylohyoïdien: le premier se montre dans le canal alvéolaire ouvert et envoie les nerfs dentaires inférieurs et gingivaux dans l'intérieur des dents et à la gencive.
24. Nerf lingual qui reçoit
25. la corde du tympan.
26. Nerf sympathique qui, transformé en plexus carotidien cérébral, se rend dans la cavité cranienne et envoie les filets d'arrière aux nerfs glossopharyngien et vague.
27. Nerf glossopharyngien formant à la surface inférieure du rocher le ganglion pétreux d'où sort le nerf de Jacobson (voir la petite fig. 37) pour se rendre au plexus tympanique isolé sur le promontoire du tympan.
28. Nerf vague qui forme dans le trou jugulaire le ganglion de même nom et, à sa sortie, le plexus noeux du vague.
29. Nerf accessoire de Willis envoyant au vague son rameau interne.
30. Nerf facial coupé et fixé sur le processus transverse de l'atlas.
31. Nerf hypoglosse qui, sortant du fond, reçoit des rameaux du nerf cervical premier (23).
32. Nerf laryngé supérieur.
33. Le nerf cervical premier qui, se portant en avant sous le muscle droit latéral de la tête, conservé en partie, donne des rameaux d'anastomose aux nerfs vague et hypoglosse et forme avec le
34. nerf cervical second le premier entrelacement, d'où partent des rameaux pour le muscle long du cou et le droit antérieur grand et petit de la tête.
35. Nerf cervical troisième.
36. Nerfs carotico-tympaniques qui mettent en communication le plexus carotidien et le plexus tympanique. Le supérieur est souvent cité sous le nom de nerf pétreux profond petit.
37. Nerf de Jacobson du nerf glossopharyngien qui se perd dans le plexus tympanique.
38. Du ganglion otique, rendu visible au bord postérieur du troisième rameau du trijumeau, part le nerf pétreux superficiel petit, se dirigeant en haut vers la face antérieure du rocher, où il envoie un filet au facial et puis, couvert par le tendon du muscle tenseur du tympan et de la corde du tympan, il se dirige vers le promontoire pour se perdre dans le plexus tympanique.
39. Nerf du tendeur du tympan qui se perd en descendant dans le muscle de même nom ici isolé.
40. Le plexus tympanique forme sur notre dissection un arc oval d'où partent les nerfs dans différentes directions.
41. Filet qui se porte du plexus tympanique à la fenêtre ronde.
42. Rameau qui se porte à la fenêtre ovale.
43. Grand nerf pétreux profond.
44. Rameau de la trompe d'Eustache qui, passant sous le troisième rameau du trijumeau, arrive à la trompe sus-dite.
45. Point où le nerf vidien se divise en grand nerf pétreux superficiel et en
46. grand nerf pétreux profond.

Tafel 9.

Figura XIII.

Sagittaldurchschnittener Kopf mit dem rechten nervus trigeminus und dem daran befindlichen ganglion oticum und sphenopalatinum von innen dargestellt. Der Sagittalschnitt weicht in der hintern Kopfhälfte etwas nach rechts ab.

Figure XIII.

Coupé par le milieu de la tête avec le nerf trijumeau droit et les ganglions otique et sphénopalatin représentés de dedans. La coupe dévie un peu à droite dans la moitié postérieure de la tête.

a. Durchschnittene Zunge.
b. Musculus tensor veli palatini, dessen Ursprung abgeschnitten ist.
c. Musc. pterygoideus internus.
d. Musc. styloglossus.
e. Musc. stylopharyngeus.
f. Hinterer Bauch des musc. biventer maxillae inferioris.
g. Musc. splenius capitis.
I. Nervus olfactorius auf der theilweise erhaltenen lamina cribrosa liegend. Die von dem bulbus abgehenden Zweige treten durch die kurzen Kanälchen der obern Muschel.
II. Nerv. opticus.
III. Nerv. oculomotorius.
IV. Carotis cerebralis.
V. Nerv. trigeminus.
VI. Nerv. abducens.
VII. Nerv. facialis.
VIII. Nerv. acusticus.
IX. Nerv. glossopharyngeus.

1. Nerv. ethmoidalis, welcher unter dem bulbus olfactorius hervortritt, theilt sich bald nach seinem Eintritt in die Nasenhöhle in einen hintern und vordern Zweig, wovon der erstere in der Schleimhaut entsprechend den vordern Enden der mittleren und untern Muschel sich vertästelt, der letztere stärkere einen Faden zur Schleimhaut der Stirnhöhle sendet, in einer Rinne der hintern Nasenbeinfläche nach abwärts gelangt und sich in der Haut der äussern Nase verzweigt. (S. Fig. VI. 20.)
2. Rami olfactorii laterales verbreiten sich in der Schleimhaut der Nasenseitenwand entsprechend der obern und mittleren Muschel, ohne Anastomosen mit dem hintern Zweig des nerv. ethmoidalis einzugehen.
3. In dem geöffneten foramen rotundum tritt der ramus secundus nervi trigemini in die fossa sphenopalatina, wo derselbe zwei bis drei Zweige absendet, die sich in das ganglion sphenopalatinum s. rhinicum einsenken. Die nach aufwärts gehenden drei Fäden gelangen an der innern Wand der Orbita nach der Keilbeinhöhle, um in der Schleimhaut derselben sich zu verbreiten.
4. Nervus nasalis lateralis superior posterior.
5. Nerv. nasalis lateralis inferior posterior mit dem über ihm verlaufenden n. nas. lat. medius. Der abgeschnittene nerv. septi narium liegt zwischen den obern und mittleren Nasenseitenwandnerven. Die nach rückwärts gehenden abgeschnittenen rami pharyngei liegen auf der innern Fläche des processus pterygoidei.

a. Langue coupée sur la longueur.
b. Muscle tendeur du voile palatin, dont l'origine est coupée.
c. Muscle ptérygoïdien interne.
d. Muscle styloglosse.
e. Muscle stylopharyngien.
f. Ventre postérieur du muscle digastrique.
g. Muscle splénius de la tête.
I. Nerf olfactif, couché sur la lame criblée en partie conservée. Les rameaux, émanant du bulbe, passent par les petits canaux courts de la conque supérieure.
II. Nerf optique.
III. Nerf oculomoteur commun.
IV. Carotide cérébrale.
V. Nerf trijumeau.
VI. Nerf abducteur.
VII. Nerf facial.
VIII. Nerf auditif.
IX. Nerf glossopharyngien.

1. Nerf ethmoïdal, qui sort du bulbe olfactif, se divise bientôt après son entrée dans la fosse nasale en rameaux postérieur et antérieur: le premier se ramifie dans la muqueuse aux extrémités antérieures de la conque médiane et inférieure; le dernier envoie un filet à la muqueuse de la cavité frontale, se dirige dans une gouttière près de la face postérieure de l'os nasal vers le bas et se ramifie dans la peau extérieure du nez. (Voir fig. VI. 20.)
2. Rameaux olfactifs qui se répandent dans la muqueuse de la paroi nasale correspondante à la conque supérieure et médiane sans s'anastomoser avec le rameau postérieur du nerf ethmoïdal.
3. Dans le trou rond ouvert le second rameau du nerf trijumeau entre dans la fosse sphénopalatine, où il envoie deux ou trois rameaux qui descendent dans le ganglion sphénopalatin de Meckel. Les trois filets ascendants arrivent près de la paroi interne de l'orbite jusqu'à la cavité sphénoïdale pour se répandre dans la muqueuse de cette dernière.
4. Nerf nasal latéral supérieur postérieur.
5. Nerf nasal latéral inférieur postérieur avec le nerf nasal latéral médian qui lui passe par-dessus. Le nerf coupé de la cloison des narines se trouve entre les nerfs supérieurs et médians de la paroi nasale. Les rameaux pharyngiens coupés qui se dirigent en arrière sont couchés sur la face interne du processus ptérygoïdien.

6. *Nerv. pterygopalatinus*, welcher in dem gleichnamigen Kanal nach abwärts zieht, zerfällt in den *nerv. palatinus anterior* für die Schleimhaut des Mundhöhlendaches und den *n. palatinus posterior* für das Gaumensegel und Zäpfchen.

7. *Nerv. Vidianus* geht in dem gleichnamigen Kanal nach rückwärts und theilt sich in den *nerv. petrosus superficialis major* (10) und den *nerv. petrosus profundus major* (13). (S. Fig. XII. unten in der kleinen Abbildung 43 und 46.)

8. *Ramus tertius nervi trigemini* mit dem an seiner innern Fläche, dicht unter dem aufgebrochenen *foramen ovale* liegenden

9. *ganglion oticum Arnoldi*, in welches sich Fasern von dem dritten sensibeln Aste und der kleinen motorischen Wurzel desselben, sowie von dem *plexus meningeus sympathici* einsenken.

10. *Nerv. petrosus superficialis major.* (S. Fig. XII. 45 und 19.)

11. *Nerv. petrosus superficialis minor.* (S. Fig. XII. 38.)

12. *Nerv. tensoris tympani.* (S. Fig. XII. 39.)

13. *Nerv. petrosus profundus major.* (S. Fig. XII. 43 u. 46.)

14. *Chorda tympani*, welche Fäden von dem *ganglion oticum* aufnimmt.

15. *Nerv. auriculo-temporalis* umgreift die *art. meningea media* mit zwei Wurzeln.

16. *Nerv. alveolaris inferior.*

17. Der durch das *ganglion oticum* gehende *nerv. pterygoideus internus.*

18. *Nerv. musc. tensor veli palatini.*

19. *Carotis cerebralis* mit dem *plexus caroticus internus.*

20. Ein Nervenzweig, welcher von dem *nerv. glossopharyngeus* zu dem hintern Bauch des *musc. biventer maxillae inferioris* tritt.

21. Anastomose vom *nerv. facialis* zum *nerv. glossopharyngeus* gehend.

22. *Ramus lingualis nervi glossopharyngei.*

23. *Nerv. facialis.*

24. *Ramus digastricus* und *stylohyoideus.*

6. Nerf ptérygopalatin qui, dans le canal de même nom, prend une direction descendante, se divise en nerf palatin antérieur pour la muqueuse de la voûte de la cavité buccale et en nerf palatin postérieur pour le voile du palais et la staphyle.

7. Nerf Vidien qui entre en arrière dans le canal de même nom et se partage en deux rameaux: le nerf pétreux superficiel grand et le pétreux profond grand (13). (Voir fig. XII, en bas, 43 et 46.)

8. Troisième rameau du trijumeau avec le ganglion otique (9), accolé à sa face interne, tout au-dessous du trou ovale brisé.

9. Ganglion otique d'Arnold dans lequel se rendent des fibres de la troisième branche sensible et de la petite racine motrice, ainsi que du plexus méningien du sympathique.

10. Nerf pétreux superficiel grand. (Voir fig. XII. 45 et 19.)

11. Nerf pétreux superficiel petit. (Voir fig. XII. 38.)

12. Nerf du muscle du marteau interne (Voir fig. XII. 39.)

13. Nerf pétreux profond grand. (Voir fig. XII. 43 et 46.)

14. Corde du tympan qui reçoit des filets du ganglion otique.

15. Nerf auriculo-temporal enlace l'artère méningienne moyenne avec deux racines.

16. Nerf mandibulaire inférieur.

17. Nerf ptérygoïdien interne qui traverse le ganglion otique.

18. Nerf du muscle tenseur du voile palatin.

19. Carotide cérébrale avec le plexus carotidien.

20. Rameau qui, provenant du nerf glossopharyngien, se porte au ventre postérieur du digastrique.

21. Anastomose du nerf facial avec le glossopharyngien.

22. Rameau lingual du nerf glossopharyngien.

23. Nerf facial.

24. Rameau digastrique et stylohyoïdien.

Tafel 10.

<table>
<tr><td>

Figura XIV.

Verbreitungsbezirk des nervus vagus. Der Kopf ist in der hintern Schädelgrube durchschnitten und die Wirbelsäule entfernt. Schlundkopf, Speiseröhre und Magen, das Herz mit den grossen Gefässstämmen, Luftröhre, Schilddrüse und die beiden Bronchien bis zur Lungenwurzel sind von rückwärts zur Anschauung gebracht.

</td><td>

Figure XIV.

Ramification du nerf vague. Coupe de la tête dans la fosse crânienne postérieure, après l'ablation de la colonne vertébrale. Le pharinx, l'oesophage et l'estomac, le coeur avec les grands troncs vasculaires, la trachée, la glande thyroïde et les deux bronches jusqu'à la racine du poumon sont rendus visibles de la face postérieure.

</td></tr>
<tr><td>

A. Der Halstheil des nervus vagus. Die miteinander anastomosirenden Bündel des Nervenstammes sind etwas auseinander gezogen und fixirt. Man erkennt die wechselseitigen Verbindungen der einzelnen Bündel untereinander, die sich ganz so verhalten, wie sämmtliche Gehirn- und Rückenmarksnerven auf ihren peripherischen Bahnen, nur mit dem Unterschiede, dass ein Bündel des nervus vagus weniger Primitivnervenfasern und mehr umhüllendes Bindegewebe enthält, als ein gleichgrossen der Spinalnerven.

B. Nervus medianus brachii. Die einzelnen dickeren Bündel verbinden sich wechselseitig untereinander, enthalten jedoch relativ zu dem umhüllenden Neurilemm mehr Nervenprimitivfasern.

a. *Constrictores pharyngis.*
b. *Oesophagus.*
c. *Cardia.*
d. *Pylorus.*
e. *Hintere Herzfläche.*
f. *Atrium dextrum.*
g. *Vena cava inferior abgeschnitten.*
h. *Vena cava superior abgeschnitten.*
i. *Atrium sinistrum.*
k. *Venae pulmonales.*
l. *Auricula cordis sinistra.*
m. *Die beiden Bronchien sind an der Eintrittstelle in die beiden Lungen abgeschnitten.*
n. *Trachea von dem oesophagus theilweise gedeckt.*
o. *Aorta ascendens.*
p. *Arcus aortae.*
q. *Truncus anonymus, welcher sich in die arteria subclavia und in die*
r. *carotis communis theilt.*
s. *Theilungsstelle der carotis communis in die carotis externa und die abgeschnittene carotis interna.*
t. *Vena jugularis communis.*
u. *Glandula thyroidea.*
v. *Carotis externa.*

1. *Nervus vagus erscheint in dem von rückwärts aufgebrochenen foramen jugulare in Begleitung des nervus glossopharyngei und n. accessorius Willisi.*

2. *Ramus auricularis n. vagi, welcher vereint mit einem Wurzelfäden aus dem ganglion petrosum nervi glossopharyngei durch den aufgebrochenen canaliculus mastoideus zur Haut des äussern Gehörganges gelangt.*

</td><td>

A. Portion cervicale du nerf vague. Les anastomoses des faisceaux du tronc nerveux sont un peu séparées et fixées. On distingue les rapports réciproques des différents faisceaux entre eux, rapports qui sont les mêmes qu'entre tous les nerfs cérébraux et spinaux sur leurs voies périphériques, avec cette seule différence qu'un faisceau du nerf vague contient moins de fibres primitives et plus de névrilème qu'un autre de même grosseur, appartenant aux nerfs spinaux.

B. Nerf médian du bras. Les gros faisceaux se lient réciproquement entre eux, contiennent cependant relativement au névrilème plus de fibres primitives.

a. *Constricteurs du pharinx.*
b. *Oesophage.*
c. *Cardia.*
d. *Pylorus.*
e. *Face postérieure du coeur.*
f. *Atrium dextrum.*
g. *Veine cave inférieure coupée.*
h. *Veine cave supérieure coupée.*
i. *Atrium sinistrum.*
k. *Veines pulmonaires.*
l. *Auricule gauche du coeur.*
m. *Les deux bronches, coupées à leur entrée dans les deux poumons.*
n. *Trachée couverte en partie par l'oesophage.*
o. *Aorte ascendante.*
p. *L'arc de l'aorte.*
q. *Tronc anonyme qui se bifurque en artère sous-clavière et en*
r. *Carotide commune.*
s. *Bifurcation de la carotide commune en carotide externe et en carotide interne, celle-ci coupée.*
t. *Veine jugulaire commune.*
u. *Glande thyroïdienne.*
v. *Carotide externe.*

1. *Le nerf vague apparaît dans le trou jugulaire ouvert de derrière, avec le nerf glossopharyngien et le nerf accessoire de Willis.*

2. *Rameau auriculaire du nerf vagus, qui, joint à une radicule du ganglion pétreux du nerf glossopharyngien arrive par le petit canal mastoïdien à la peau du conduit auditif extérieur.*

</td></tr>
</table>

3. Verbindung desselben mit dem *nerv. facialis.*
4. *Ramus pharyngeus nervi vagi.*
5. Anastomose mit dem *nerv. sympathicus.*
6. *Nervus laryngeus superior n. vagi.*
7. Der Stamm des *n. vagus* zieht aussen an der *carotis communis,* rechts vor dem Theilungswinkel des *truncus anonymus* und links vor dem *arcus aortae* nach abwärts. Links ist die aussen an den Nervenstamm gränzende *vena jugularis communis (l)* theilweise erhalten.
8. Der gegen die hintere Seite der Lungenwurzel ziehende Stamm, welcher den
9. *nervus laryngeus inferior s. recurrens vagi* seitlich an der Speiseröhre zum Kehlkopf sendet.
10. Dessen Anastomose mit dem *n. sympathicus.*
11. Dessen *rami oesophagei* und *tracheales.*
12. *Ramus laryngeus inferior* tritt in den Kehlkopf.
13. *Nervi pulmonales s. bronchiales posteriores* mit den darüber *(o)* abgehenden *nervi pulmonales s. bronchiales anteriores* und *n. cardiaci.*
14. Eine starke Anastomose, welche vom linken zum rechten *n. vagus* tritt, sowie die über und unter derselben abgehenden *rami oesophagei inferiores* der beiden Stämme.
15. Der zur vordern Magenfläche herabsteigende linke *n. vagus,* welcher den hier abgeschnittenen
16. Zweig zur Leberpforte schickt.
17. *Nervi gastrici* des vereinigten linken und rechten *n. vagus,* nebst einer Anzahl abgeschnittener Fäden, welche mit dem *plexus coeliacus* sich vereinigen.
18. *Ganglion coeliacum* der rechten Seite, welches Verbindungsfäden zum *plexus gastricus* schickt.
19. *Nervus glossopharyngeus* geht in das an der untern Felsenbeinfläche liegende
20. *ganglion petrosum* über, aus welchem ein Verbindungszweig zum *ramus auricularis vagi* und ein *ramus muscularis* zum hintern Bauch des *musc. digastricus* gelangt.
21. Zwei *nervi pharyngei* gelangen vor dem *vagus* und *hypoglossus* zum *plexus pharyngeus.*
22. *Ramus lingualis nervi glossopharyngei.*
23. *Nervus hypoglossus.*
24. *Nervus sympathicus.*
25. Dessen *ganglion cervicale supremum,* welches Verbindungsfäden vom *n. glossopharyngeus* und *vagus* aufnimmt und eine Anzahl Zweige zum *plexus pharyngeus* sendet.
26. *Nervus cardiacus superior nervi sympathici.*
27. Stamm des Halstheiles des *sympathicus.*
28. Dessen *ganglion cervicale medium s. thyroideum.* Rechts sitzt das Ganglion an einem Verbindungszweig des *sympathicus* mit dem *nerv. recurrens.* Links ist der *nervus cardiacus medius* zum *plexus cardiacus* verlaufend dargestellt.
29. *Ganglion cervicale inferius.*
30. Dessen *rami cardiaci inferiores.*
31. *Nervi cardiaci* der hintern Herzfläche.
32. *Nervus facialis* geht in dem aufgebrochenen *canalis Fallopii* nach rückwärts, verbindet sich mit dem *ramus auricularis vagi,* gibt den *ramus auricularis profundus posterior* zum äussern Ohre und senkt sich zwischen die Läppchen der Ohrspeicheldrüse.

---

3. Anastomose de ce dernier rameau avec le nerf facial.
4. Rameau pharyngien du nerf vague.
5. Anastomose avec le nerf sympathique.
6. Nerf laryngé supérieur du nerf vague.
7. Le tronc du nerf vague passe en dehors près de la carotide commune à droite devant l'angle de bifurcation du tronc anonyme et à gauche devant l'arc de l'aorte, en direction descendante. A gauche, en dehors, près du tronc nerveux, la veine jugulaire commune *(l)* est conservée en partie.
8. Le tronc se dirigeant vers le côté postérieur de la racine du poumon et envoyant
9. le nerf laryngé inférieur ou récurrent du vague, latéralement à l'oesophage, jusqu'au larynx.
10. Son anastomose avec le sympathique.
11. Ses rameaux oesophagiens et trachéens.
12. Rameau laryngé inférieur pénétrant dans le larynx.
13. Nerfs pulmonaires ou bronchiaux postérieurs avec les nerfs antérieurs de même nom et les nerfs cardiaques émanant un peu plus haut *(o)* et prenant une direction descendante.
14. Forte anastomose du nerf vague gauche avec le nerf vague droit, ainsi que les rameaux oesophagiens inférieurs des deux troncs qui émanent au-dessus et au-dessous.
15. Nerf vague gauche descendant à la face antérieure de l'estomac qui envoie
16. un rameau, coupé ici, à la porte du foie.
17. Nerfs gastriques du nerf vague gauche et du droit réunis, avec nombre de filets coupés qui se réunissent au plexus coeliaque.
18. Ganglion coeliaque du côté droit qui envoie des filets anastomotiques au plexus gastrique.
19. Nerf glossopharyngien qui pénètre, près de la face inférieure du rocher dans le
20. ganglion pétreux, d'où un rameau anastomotique se porte au rameau auriculaire du vague, et un rameau musculaire au ventre postérieur du muscle digastrique.
21. Deux nerfs pharyngiens qui se portent par-devant le vague et l'hypoglosse au plexus pharyngien.
22. Rameau lingual du nerf glossopharyngien.
23. Nerf hypoglosse.
24. Nerf sympathique.
25. Son ganglion cervical suprême qui reçoit des filets anastomotiques du glossopharyngien et du vagus et envoie nombre de rameaux au plexus pharyngien.
26. Nerf cardiaque supérieur du sympathique.
27. Tronc de la portion cervicale du sympathique.
28. Son ganglion cervical moyen ou thyroïdien. A droite, gît le ganglion près d'un rameau anastomotique du sympathique avec le nerf récurrent. A gauche, le nerf cardiaque moyen est réprésenté allant se perdre dans le plexus cardiaque.
29. Ganglion cervical inférieur.
30. Ses rameaux cardiaques inférieurs.
31. Nerfs cardiaques de la face postérieure du coeur.
32. Nerf facial prenant dans l'intérieur du canal de Fallope ouvert une direction descendante, s'anastomosant avec le rameau auriculaire du vague, fournissant le rameau auriculaire profond postérieur à l'oreille extérieur et disparaissant entre les lobules de la parotide.

Tafel 11.

Figura XV.

Nervus hypoglossus, ramus lingualis nervi trigemini und die Austrittsstellen sämmtlicher nervi cervicales von aussen zur Anschauung gebracht.

Figure XV.

Nerf hypoglosse, rameau lingual du nerf trijumeau et les points d'émergence de tous les nerfs cervicaux, rendus visibles du dehors.

a. Musculus pterygoideus externus.
b. Musc. pterygoideus internus.
c. Musc. tensor veli palatini.
d. Pharynx.
e. Ein Stück des musculus buccinator.
f. Musc. genioglossus, und unter demselben der musc. geniohyoideus.
g. Musc. hyoglossus, welcher nach rückwärts von der glandula submaxillaris theilweise gedeckt wird.
h. Musc. styloglossus.
i. Musc. stylohyoideus.
k. Musc. mylohyoideus zurückgeschlagen.
l. Musc. geniohyoideus.
m. Musc. sternohyroideus.
n. Musc. thyreohyoideus.
o. Musc. omohyoideus.
p. Musc. scalenus anticus.
q. Musc. scalenus medius.
r. Musc. levator scapulae.
s. Musc. complexus major.
t. Musc. obliquus capitis superior.
u. Musc. rectus capitis lateralis.
1. Der durchschnittene Wurm des kleinen Gehirns.
2. Die durchschnittenen crura cerebri.
3. Nervus trochlearis erhebt sich hinter den Vierhügeln.
4. Nerv. oculomotorius. Die Zahl befindet sich zwischen ihm und der abgeschnittenen carotis cerebralis.
5. Ursprung des nervus trigeminus an der Seitenfläche der Brücke und Verlauf desselben über die Spitze der pars petrosa.
6. Ganglion Gasseri.
7. Ramus primus nervi trigemini.
8. Ramus secundus nerv. trig.
9. Ramus tertius in dem aufgebrochenen foramen ovale.
10. Die beiden Ursprungswurzeln des nerv. auriculo-temporalis.
11. Nervus pterygoideus internus.
12. Nervi pterygoidei externi und der durch den Muskel hindurchgehende ram. temporalis.
13. Nervus lingualis trigemini.
14. Nervus alveolaris inferior abgeschnitten.
15. Nerv. lingualis trigemini, welcher eine Anzahl Zweige zu dem
16. ganglion sublinguale sendet. Dasselbe schickt zahlreiche Fäden in die peripherische Bahn des n. lingualis, sowie nach abwärts zur glandula submaxillaris und nach rückwärts zur Schleimhaut der Mundhöhle.
17. Nervus glossopharyngeus tritt hinter dem musc. styloglossus hervor und theilt sich in den
18. ramus pharyngeus und den
19. ramus lingualis.
20. Nervus hypoglossus vereinigt sich mit dem nervus cervicalis primus in der Art, dass Zweige von letzterem zu ersterem treten, welche gemeinschaftlich mit Zweigen aus dem nervus cervicalis secundus (30) als
21. ramus descendens hypoglossi auf der Scheide der carotis communis nach abwärts zieht und mit einem starken Verbindungszweig aus dem nervus cervicalis tertius (31) die ansa hypoglossi (34) bildet.
22. Ramus thyreohyoideus.
23. Die Endäste des nervus hypoglossus für die musculi genioglossus, hyoglossus, geniohyoideus, lingualis und hier ausnahmsweise für den styloglossus. Neben der Zahl 23 links ist die constant vorkommende Anastomose zwischen nerv. lingualis und hypoglossus sichtbar.
24. Der aus dem nervus cervicalis tertius nach unten und innen ziehende Zweig, welcher mit dem ramus descendens hypoglossi die ansa hypoglossi bildet.
25. Die aus dem ramus descendens hypoglossus hervorgehenden Zweige gelangen zu den musculi omohyoideus, sternohyoideus und sternothyreoideus.
26. Nervus petrosus superficialis major, welcher sich in das ganglion geniculi nervi facialis einsenkt.
27. In den geöffneten canalis Fallopii erscheint der nervus facialis mit dem zum musculus stapedius gehenden kleinen nervulus stapedius.
28. Chorda tympani gelangt in dem aufgebrochenen canaliculus chordae nach der Paukenhöhle, tritt zwischen Hammer und Amboss hindurch und vereinigt sich zwischen den beiden musculi pterygoidei mit dem ramus lingualis nervi trigemini.
29. Nervus accessorius Willisii etwas aus seiner Lage nach rückwärts gezogen.

a. Muscle ptérygoïdien externe.
b. Musc. ptérygoïdien interne.
c. Musc. tenseur du voile palatin.
d. Pharynx.
e. Portion du muscle buccinateur.
f. Muscle génioglosse avec le muscle géniohyoïdien dessous.
g. Muscle hyoglosse que couvre en partie par-derrière la glande sous-maxillaire.
h. Muscle styloglosse.
i. Muscle stylohyoïdien.
k. Muscle mylohyoïdien renversé ou arrière.
l. Musc. sternohyoïdien.
m. Musc. sternothyroïdien.
n. Musc. thyréohyoïdien.
o. Musc. omohyoïdien.
p. Musc. scalène antérieur.
q. Musc. scalène médius.
r. Musc. élévateur scapulaire.
s. Musc. complexe grand.
t. Musc. oblique supérieur de la tête.
u. Musc. droit latéral de la tête.
1. Le ver du cervelet, coupé.
2. Pédoncules cérébraux, coupés.
3. Nerf trochléaire qui s'élève derrière les quatre corpuscules.
4. Nerf oculo-moteur. Le chiffre se trouve entre ce dernier et la carotide cérébrale coupée.
5. Origine du trijumeau à la face latérale du pont et son trajet sur la sommité de la partie pétreuse.
6. Ganglion de Gasser.
7. Rameau premier du trijumeau.
8. Rameau deuxième du trij.
9. Rameau troisième dans le trou oval ouvert.
10. Les deux racines primitives du nerf auriculo-temporal.
11. Nerf ptérygoïdien interne.
12. Nerfs ptérygoïdiens externes avec le rameau temporal qui passe par le muscle.
13. Nerf lingual du trijumeau.
14. Nerf mandibulaire inférieur, coupé.
15. Nerf lingual du trijumeau qui envoie quantité de rameaux au
16. ganglion sous-lingual. Celui-ci envoie de nombreux filets à la périphérie du nerf lingual, de même que, vers le bas, à la glande sous-maxillaire et, par-derrière, à la pituitaire de la cavité buccale.
17. Nerf glossopharyngien qui émane derrière le muscle styloglosse et se partage en
18. rameau pharyngien et
19. rameau lingual.
20. Nerf hypoglosse qui se joint au nerf cervical premier, de manière que des rameaux de ce dernier s'unissent au premier et descendant conjointement avec des rameaux du nerf cervical deuxième (30) sur la gaine de la carotide commune, formant ainsi le
21. rameau descendant de l'hypoglosse qui, au moyen d'un fort rameau du nerf cervical troisième (31) forme l'anse de l'hypoglosse (24).
22. Rameau thyréohyoïdien.
23. Branches terminales du nerf hypoglosse, destinées aux muscles génioglosse, hyoglosse, géniohyoïdien, lingual et, ici exceptionnellement, au styloglosse. L'anastomose entre le lingual et l'hypoglosse se voit près du chiffre 23, à gauche.
24. Rameau, émanant du nerf cervical troisième et descendant en dedans pour former avec le rameau descendant de l'hypoglosse l'anse de l'hypoglosse.
25. Rameaux, émanant du rameau descendant, qui arrivent aux muscles omohyoïdien, sternohyoïdien, sternothyréoïdien.
26. Nerf pétreux superficiel grand qui s'enfonce dans le ganglion du nerf géniculé facial.
27. Dans le canal ouvert de l'aloppe apparaît le nerf facial avec le petit nerf stapédé qui se rend au muscle stapédé.
28. Corde du tympan qui arrive dans le petit canal ouvert de la corde jusqu'à la cavité tympanique, passe entre le marteau et l'enclume et s'unit vers les deux muscles ptérygoïdiens au rameau lingual du nerf trijumeau.
29. Nerf accessoire de Willis, un peu écarté de sa position et tiré en arrière.

30. *Nervus cervicalis secundus*, welcher mit dem ersten und dritten Halsnerv Schlingen bildet und dem *nerv. hypoglossus, vagus* und *sympathicus* Zweige ertheilt.

31. *Nervus cervicalis tertius*, welcher in dieser Abbildung gemeinschaftlich mit dem

32. *nerv. cervicalis quartus* einen starken Zweig zum *ramus descendens hypoglossi* sendet.

33—37. Die zwischen den beiden *scalenis* hervortretenden 4 untern *nervi cervicales* in Gemeinschaft mit dem *nervus dorsalis primus (37)*.

38. *Nervus phrenicus*, welcher hauptsächlich aus dem *nervus cerv. quartus* stammt, aber durch Fäden aus dem *nerv. cerv. quintus* verstärkt wird.

39. *Nervus vagus.*

30. Nerf cervical deuxième qui forme des anses avec le premier et le troisième nerf cervical et envoie des rameaux aux nerfs hypoglosse, vague et sympathique.

31. Nerf cervical troisième qui, dans cette figure, conjointement avec le

32. nerf cervical quatrième, envoie un fort rameau au rameau descendant de l'hypoglosse.

33—37. Les quatre nerfs cervicaux inférieurs qui émanent entre les deux scalènes, conjointement avec le nerf dorsal premier *(37)*.

38. Nerf phrénique, formé principalement du quatrième nerf cervical, mais renforcé par des filets qui lui viennent du cinquième nerf cervical.

39. Nerf vague.

Figura XVI.

Figure XVI.

I. Die Nerven der Nasenscheidewand.

1. *Ramus nasalis internus nervi ethmoidalis.*

2. *Nervus nasopalatinus*, welcher der Schleimhaut der Nasenscheidewand 3—4 schwache Zweige ertheilt und durch den *canalis incisivus*, ohne in demselben ein Ganglion zu bilden, zur Schleimhaut des Daches der Mundhöhle gelangt.

3. *Bulbus olfactorius*, welcher auf der *lamina cribrosa* liegt und die innern Reize der *rami olfactorii* durch die *foramina cribrosa* nach der Nasenscheidewand sendet.

4. Die Verzweigung der *rami olfactorii*.

II. Das Schläfenbein eines Embryo mit geöffneter Trommelhöhle. Die Gehörknöchelchen sind in der natürlichen Lage erhalten.

a. *Malleus.* b. *Incus.* c. *Stapes.*

d. *Eminentia pyramidalis* mit der aus ihr hervortretenden Sehne des *musculus stapedius*, welche sich an den hintern Umfange des Steigbügelhalses festsetzt.

1. *Nervus facialis* tritt aus dem theilweise aufgebrochenen *foramen stylomastoideum* nach aussen und sendet die *chorda tympani* nach der Paukenhöhle, wo dieselbe an der innern Seite des *sulcus tympanicus* zum Vorschein gelangt, zwischen dem Hammer und Ambos durchzieht und in der *fissura Glaseri* nach abwärts steigt. (S. Fig. XII, 25.)

2. Die an dem Boden der Paukenhöhle eintretenden *nervuli carotico-tympanici*, welche mit dem

3. *nervus petrosus superficialis minor* sich vereinigen und den auf dem *promontorium tympani* liegenden *plexus tympanicus s. Jacobsonii* bilden. (S. Fig. XII, kleine Fig. 36.)

III. a. *Glandula submaxillaris* mit dem

b. *ductus Whartonianus.*

c. *Glandula sublingualis.*

1. *Nervus lingualis trigemini.*

2. Dessen Zweige, welche sich in das *ganglion sublinguale* einsenken. Aus dem Ganglion treten eine Anzahl Zweige in die peripherische Bahn des *nerv. lingualis*.

3. Die Zweige, welche aus dem Ganglion zur *glandula submaxillaris* gelangen.

4. Die in die *ductus Whartonianus* sich einsenkenden Zweige.

IV. Die hintere Seite des injicirten Rückenmarkes vom Neugebornen mit durchschnittener und zurückgeschlagener *dura mater.*

1. Die aus dem Rückenmark hervortretenden Wurzeln gelangen zwischen je zwei Zacken des *ligamentum denticulatum* gegen die *dura mater*, um dieselbe zu durchbrechen. Die sichtbaren hintern Wurzeln, welche durch das genannte Band geschieden werden, docken die vordern. Die verschiedene Stärke und Richtung der Spinalnerven sind auch in dieser Abbildung, wie in Figura XVII, erkennbar. Die untern Wurzeln, welche die *cauda equina* bilden, sind auseinander gezogen, um den *conus medullaris* und das *filum terminale* frei übersehen zu können.

2. *Ligamentum denticulatum* setzt sich mit den Spitzen an der *dura mater* fest und ist zwischen die vordern und hintern Wurzeln der Spinalnerven eingeschoben.

3. *Arteria spinalis*, welche mit den Nervenwurzeln zum Rückenmark gelangen und an der hintern Fläche zwei longitudinale Züge bilden, die unter sich in gegenseitiger Verbindung stehen.

V. Ein Stück Rückenmark von Habithoil mit den Nervenwurzeln von rückwärts zur Anschauung gebracht.

1. Die hintere Wurzel, welche aus dem *sulcus lateralis posterior* des Rückenmarkes hervortritt, bildet

2. das *ganglion intervertebrale* und vereinigt sich sodann mit

3. der vordern Wurzel zu einem gemeinsamen Stämmchen.

4. Rechterseits sind die Wurzeln und Ganglion von der *dura mater* und ihren Scheiden theilweise umgeben.

I. Nerfs de la paroi moyenne nasale.

1). Rameau nasal interne du nerf ethmoïdal.

2. Nerf nasopalatin qui envoie à 3 à 4 faibles rameaux à la muqueuse de la paroi moyenne nasale, et, traversant le *canalis incisivus* sans y former de ganglion, arrive à la muqueuse du toit de la cavité buccale.

3. Bulbe olfactif qui repose sur la lame cribriée et envoie la rangée inférieure des rameaux olfactifs à travers les trous cribrés jusqu'à la paroi moyenne nasale.

4. Ramification des rameaux olfactifs.

II. Os temporal d'un embryon avec la cavité du tympan ouverte. Les osselets auditifs sont maintenus dans leur position naturelle;

a. marteau. b. enclume. c. étrier.

d. Éminence pyramidale avec le tendon du muscle de l'étrier qui en sort et qui se fixe sur le contour postérieur du col de l'étrier.

1. Nerf facial qui sort du trou stylomastoïdien en partie ouvert et envoie la corde du tympan vers la cavité tympanique où celle-là arrive à la face interne du sillon tympanique, passe entre le marteau et l'enclume et descend en dehors dans la fissure de Glaser. (Voir fig. XII, 25.)

2. Petits nerfs carotico-tympaniques qui, près du fond de la cavité tympanique, s'anastomosent avec le

3. nerf pétreux superficiel petit et forment le plexus tympanique ou de Jacobson qui se trouve sur le promontoire du tympan. (Voir fig. XII, petite fig. 36.)

III. a. Glande sous-maxillaire avec le

b. conduit de Wharton.

c. Glandule sous-linguale.

1. Nerf lingual du trijumeau.

2. Ses rameaux qui s'enfoncent dans le ganglion sous-lingual. Du ganglion émanent quantité de rameaux qui se rendent à la voie périphérique du nerf lingual.

3. Rameaux qui s'enfoncent dans le ganglion pour se rendre à la glande sous-maxillaire.

4. Rameaux qui s'enfoncent dans le conduit de Wharton.

IV. Le côté postérieur de la moelle-épinière injectée d'un nouveau-né avec la dure-mère coupée par le milieu et refoulée en arrière.

1. Racines, qui, émanant de la moelle-épinière, arrivent chacune entre deux pointes du ligament denticulé vers la dure-mère pour la traverser. Les racines postérieures visibles qui sont séparées par ce ligament couvrent les racines antérieures. La différence de volume et de direction des nerfs spinaux sont faciles à reconnaître dans cette figure, ainsi que dans la fig. XVII. Les racines inférieures qui forment la queue de cheval, sont écartées l'une de l'autre pour laisser voir le cône médullaire et le fil terminal.

2. Le ligament denticulé se fixe par les pointes sur la dure-mère et passe entre les racines antérieures et postérieures des nerfs spinaux.

3. Artères spinales qui arrivent avec les racines des nerfs à la moelle-épinière et forment à la face postérieure deux lignes ondulées longitudinales qui se trouvent en rapports mutuels entre elles.

V. Portion de la moelle-épinière prise du cou, rendue visible de derrière avec les racines des nerfs.

1. Racine postérieure qui, émanant du sillon latéral postérieur de la moelle-épinière, forme

2. le ganglion intervertébral et s'anastomose ensuite avec

3. la racine antérieure pour un petit tronc commun.

4. à droite se trouvent les racines et ganglions entourés de la dure-mère et en partie de ses gaînes.

Tafel 12.

Figura XVII.

Gehirn und Rückenmark in der natürlichen Lage von rückwärts zur Anschauung gebracht. Die hintere Hälfte des Schädels und der Wirbelsäule ist entfernt und die dura mater spinalis und cerebri theilweise abgetragen. Linkerseits sind die Rückenmarksnerven von den Scheiden der harten Haut umgeben, während dieselben rechterseits an den Durchtrittsstellen frei liegen.

Figure XVII.

Le cerveau et la moëlle-épinière dans leur position naturelle sont rendus visibles de derrière. On a enlevé la moitié postérieure du crâne et de la colonne vertébrale, ainsi qu'une partie de la dure-mère spinale et celle du cerveau. A gauche, les nerfs de la moëlle-épinière sont entourés des gaines de la dure-mère, tandis qu'à droite, à leurs points de passage, ils s'en trouvent tout-à-fait dégagés.

I. Hinterer Lappen des grossen Gehirns.
II. Die Hemisphäre des kleinen Gehirns.
III. Die Tonsille der Kleingehirnhemisphäre, welche die *medulla oblongata* theilweise deckt.
IV. Die Anschwellung an dem Halstheile des Rückenmarkes.
V. Der dünne Brusttheil des Rückenmarkes.
VI. Die Anschwellung an dem Lendentheile des Rückenmarkes, welche entsprechend dem ersten Lumbalwirbel in den *conus medullaris* übergeht.
VII. Die zur *cauda equina* zusammentretenden Wurzeln der untern Spinalnerven.
VIII. Das *filum terminale*, welches allseitig von den Wurzeln der Spinalnerven umgeben ist, wurde etwas nach rückwärts gezogen, damit dasselbe als Fortsetzung des *conus medullaris* sichtbar wurde.
IX. Geöffneter *canalis sacralis*, in welchen der Sack der harten Haut entsprechend dem dritten falschen Kreuzbeinwirbel endet.
  a. *Sinus longitudinalis superior.*
  b. *Sinus transversus.*
  c. Die zweite Krümmung der *arteria vertebralis.*
  d. Eintrittsstelle der *arteria vertebralis* in den Querfortsatz des sechsten Halswirbels. Der Verlauf derselben ist in der ganzen Länge des Halstheiles der Wirbelsäule vor den *ganglia intervertebralia* sichtbar.
  e. *Dura mater spinalis*, welche rechterseits bis zu den Durchtrittsstellen der Spinalnerven abgetragen ist, während linkerseits die trichterförmigen Aushuchtungen derselben für die Nervenwurzeln erhalten sind.
  f. Die hintere Abschnitte der *musculi intercostales* sind theilweise zwischen den einzelnen Rippen erhalten.
1—8. Die hintern Wurzeln der acht *nervi spinales cervicales* treten aus der seitlichen hintern Rinne des Rückenmarkes hervor und ziehen in fast querer Richtung gegen die *foramina intervertebralia*. In dieser Abbildung sind die vordern Wurzeln von den hintern grösstentheils gedeckt. Oben erscheint zwischen den beiden der *nervus accessorius Willisii*. Der gegenseitige Zusammenhang der einzelnen hintern Wurzeln ist beiderseitig wahrnehmbar. Vom ersten bis zum achten nehmen die Wurzeln und Ganglien an Stärke zu. Starke *rami posteriores* und schwache *rami anteriores* zeigen die drei ersten Cervicalnerven, während von dem vierten bis zum achten die hintere Aeste bedeutend schwächer als die vordern werden.
9—20. *Nervi spinales dorsales.*
  Die hintern sichtbaren Wurzeln nehmen zu dem Brusttheile des Spinalkanales allmählig einen schiefen Verlauf und legen ziemlich lange Strecken in dem Sack der *dura mater* zurück, bevor der Durchtritt durch denselben stattfindet. Die schwachen *rami posteriores* liegen auf den Rippen, die starken *rami anteriores* gelangen nach vorn in die Zwischenrippenräume.
21—25. *Nervi spinales lumbales.*
  Der erste *nervus lumbalis* entspringt aus dem Rückenmarke an der Stelle, welche dem zwölften Brustwirbelkörper entspricht und tritt durch das *foramen intervertebrale* zwischen dem ersten und zweiten Lendenwirbel. Die Wurzeln der folgenden Lumbalnerven legen mehrere Zoll lange Strecken in dem Sack der harten Haut zurück, bevor dieselben nach aussen treten. Die starken *ganglia intervertebralia* liegen innerhalb des *canalis vertebralis* und die *rami posteriores* werden von dem ersten bis fünften allmählich schwächer. Der *nervus lumbalis quintus* tritt durch das *foramen intervertebrale*, welches zwischen dem letzten Lendenwirbel und dem Kreuzbein gebildet wird.
26—31. *Nervi spinales sacrales.*
  Die Wurzeln und Ganglien der Sakralnerven verhalten sich, was Verlauf und Lage anlangt, ähnlich den vorigen; nur nehmen dieselben vom ersten bis zum fünften an Grösse bedeutend ab, während die Lumbalnerven vom ersten bis zum fünften zunehmen. In dieser Abbildung sind ausnahmsweise sechs *nervi sacrales* vorhanden. Die *rami anteriores* gelangen durch die *foramina sacralia anteriora* nach vorn in die Beckenhöhle. Die *rami posteriores* bilden auf der hintern Kreuzbeinfläche durch ihre gegenseitige Verbindung den *plexus sacralis posterior.*
32. *Nervus coccygeus*, welcher durch den Ausschnitt zwischen Kreuz- und Steinbein nach vorn zum *plexus coccygeus* gelangt. Der schwache *ramus posterior* des Steinmerv vereinigt sich mit dem *plexus sacralis posterior.*

I. Lobule postérieur du cerveau.
II. Hémisphère du cervelet.
III. Amande du cervelet, qui couvre en partie la moëlle allongée.
IV. Le renflement de la partie cervicale de la moëlle-épinière.
V. La partie pectorale mince de la moëlle-épinière.
VI. Le renflement de la partie lombaire de la moëlle-épinière, lequel, près de la première vertèbre lombaire, devient le cône médullaire.
VII. Les racines des nerfs spinaux inférieurs, en se réunissant, forment la queue de cheval.
VIII. Le fil terminal, entouré de tous côtés des racines des nerfs spinaux, a été un peu refoulé en arrière pour laisser voir sa continuité du cône médullaire.
IX. Canal sacré ouvert dans lequel aboutit la poche de la dure-mère près de la troisième fausse vertèbre sacro-lombaire.
  a. Sinus longitudinal supérieur.
  b. Sinus transverse.
  c. Deuxième courbure de l'artère vertébrale.
  d. Point d'immergeance de l'artère vertébrale dans le processus transverse de la sixième vertèbre cervicale. Son trajet est visible sur toute la longueur de la partie cervicale de la colonne vertébrale devant le ganglion intervertébral.
  e. Dure-mère spinale qui a été enlevée à droite jusqu'aux points de passage des nerfs spinaux, tandis qu'à gauche ses contours ont été conservés pour les racines des nerfs.
  f. Les parties postérieures des muscles intercostaux sont conservées entre les diverses côtes.
1—8. Racines postérieures des huit nerfs spinaux cervicaux qui sortent de la gouttière latérale postérieure et se dirigent presque transversalement vers les trous intervertébraux. La figure représente les racines antérieures couvertes en grande partie par les postérieures. En haut, entre les deux, apparaît le nerf accessoire de Willis. Les anastomoses réciproques des diverses racines postérieures sont visibles des deux côtés. Depuis la première à la huitième, les racines et ganglions deviennent plus forts. Les trois premiers nerfs cervicaux montrent des rameaux postérieurs forts et des rameaux antérieurs faibles, tandis que du quatrième au huitième les rameaux postérieurs sont considérablement plus faibles que les postérieurs.
9—20. Nerfs spinaux dorsaux.
  Les racines postérieures visibles prennent peu-à-peu dans la partie pectorale du canal spinal une direction oblique et font d'assez longs trajets dans la poche de la dure-mère, avant d'effectuer leur passage par celle-ci. Les rameaux postérieurs faibles reposent sur les côtes, les rameaux antérieurs forts se rendent en avant dans les intervalles des côtes.
21—25. Nerfs spinaux lombaires.
  Le premier nerf lombaire émane de la moëlle-épinière à l'endroit qui correspond à la douzième vertèbre pectorale et passe par le trou intervertébral entre la première et la deuxième vertèbre lombaire. Les racines des nerfs lombaires suivants ont un parcours de plusieurs pouces dans la poche de la dure-mère, avant de reparaître en dehors. Les ganglions intervertébraux forts placés à l'intérieur du canal vertébral et les rameaux postérieurs s'en vont diminuant d'épaisseur du premier jusqu'au dernier. Le cinquième nerf lombaire passe par le trou intervertébral qui se trouve entre la dernière vertèbre et l'os sacrum.
26—31. Nerfs spinaux sacrés.
  Les racines et les ganglions des nerfs sacrés sont entre eux dans les mêmes rapports que les précédents, quant au parcours et à la situation; seulement ceux-là diminuent considérablement de volume du premier au cinquième, tandis que les nerfs lombaires grossissent du premier au cinquième. Dans notre figure se trouvent exceptionnellement six nerfs sacrés. Les rameaux antérieurs se dirigent en avant par les trous sacrés antérieurs dans la cavité du bassin. Les rameaux postérieurs forment par leur réunion sur la surface postérieure du sacrum le plexus sacré postérieur.
32. Nerf coccygien, qui se dirige en avant par l'échancrure entre le sacrum et le coccyx vers le plexus coccygien. Le rameau postérieur faible de ce nerf se réunit au plexus sacré postérieur.

Figura XVIII.

Die oberflächlichen Nerven des Halses.

a.	*Musculus masseter.*	h.	*Musc. scalenus anticus.*
b.	*Musc. mylohyoideus.*	i.	*Musc. levator scapulae.*
c.	*Musc. biventer maxillae inferioris.*	k.	*Musc. cucullaris.*
d.	*Musc. hyoglossus.*	l.	*Musc. deltoideus.*
e.	*Musc. sternohyoideus.*	m.	*Musc. splenius capitis et colli.*
f.	*Musc. omohyoideus.*	n.	*Musc. sternocleidomastoideus.*
g.	*Musc. sternothyreoideus.*	o.	*Musc. occipitalis.*
	p. *Musc. retrahens auriculae.*		
A.	*Glandula parotis.*	C.	*Glandula thyreoidea.*
B.	*Glandula submaxillaris.*	D.	*Carotis externa.*
	E. *Arteria thyreoidea superior.*		

1. *Ramus subcutaneus maxillae inferioris nervi facialis s. ramus marginalis.*
2. *Ramus subcutaneus colli superior nervi facialis,* welcher eine
3. Anastomose mit dem aus dem *plexus cervicalis superior* abstammenden
4. *nervus subcutaneus colli medius* eingeht.
5. *Nervus subcutaneus colli inferior.*
6. *Nervi supraclaviculares,* welche aus dem *nervus cervicalis quartus* hervorgehen, in der *regio supraclavicularis* nach abwärts steigen und in der Haut über und unter dem Schlüsselbein sich verästeln.
7. *Nervus auricularis magnus* steigt auf dem Kopfnicker empor, bildet eine Anastomose mit dem *nerv. occipitalis minor* und verbreitet sich größtentheils in der Haut des Ohrs. Einige schwache vordere Zweige gelangen zwischen den Läppchen der *glandula parotis* hindurch und verästeln sich in der Haut entsprechend des *musc. masseter.*
8. *Nervus occipitalis minor.*
9. *Nervus occipitalis major,* welcher zwischen dem sehnig muskulösen obern Ende des *cucullaris* hervortritt und, indem derselbe Verbindungen mit dem *occipitalis minor* eingeht, sich in der Haut der Hinterhauptsgegend bis zur Scheitelhöhle verbreitet.
10. Der den Kopfnicker durchbohrende *nervus accessorius Willisii* zieht nach abwärts und verliert sich unter dem *musc. cucullaris.*
11. Die Austrittstelle des *nervus cervicalis tertius* und die Verbindung desselben mit dem *nerv. accessorius Willisii.*
12. Austrittstelle des *nervus cervicalis quartus* und die daraus hervorgehenden *rami musculares* für die hintern *musculi scaleni* und der *levator scapulae.*
13—16. Die vier untern *nervi cervicales,* welche über und hinter der *arteria subclavia* (19) zu dem *plexus cervicalis inferior s. brachialis* zusammentreten.
17. *Nervus dorsalis scapulae.*
18. *Nervus suprascapularis.*
19. *Arteria subclavia.*
20. Vor der Zahl steigt der schwache *nervus subclavius* nach abwärts zum gleichnamigen Muskel.

Figura XIX.

Die Clavicula wurde durchsägt und die innere Hälfte derselben nach abwärts gezogen, damit die Austrittsstellen der nervi cervicales inferiores und die Vereinigung derselben zum plexus axillaris sichtbar sind.

a.	*Musculus sternohyoideus.*	f.	*Musc. levator scapulae.*
b.	Vorderer Bauch des *musc. omohyoideus.*	g.	*Musc. splenius capitis.*
		h.	*Musc. cucullaris.*
c.	*Musc. sternocleidomastoideus.*	i.	*Musc. serratus anticus major.*
d.	*Musc. scalenus anticus.*	k.	*Musc. subscapularis.*
e.	*Musc. scalenus posticus.*	l.	*Musc. latissimus dorsi.*
m.	*Musc. pectoralis minor,* welcher durchschnitten und zurückgeschlagen ist.		
n.	*Musc. pectoralis major* ist durchschnitten und zurückgeschlagen.		
o.	*Musc. deltoideus.*	q.	*Musc. triceps brachii.*
p.	*Musc. biceps brachii.*	r.	*Musc. coracobrachialis.*

1. *Nervus accessorius Willisii.*
2. *Nerv. cervicalis tertius.*
3. *Nerv. cervicalis quartus,* welcher mit dem vorigen eine Schlinge bildet.
4—7. *Nervi cervicales inferiores* bilden vereinigt mit dem
8. *nervus dorsalis primus den plexus cervicalis inferior s. brachialis.*
9. *Nerv. suprascapularis.*
10. *Nervi thoracici anteriores* für den *musc. pectoralis major* und *minor.*
11. *Nervus thoracicus longus s. respiratorius externus.*
12. *Nerv. cutaneus brachii internus* nimmt einen Zweig des *nerv. intercostalis secundus* auf.
13. *Nervus cutaneus medius brachii.* Diese beiden sowie alle übrigen Nerven in der *fossa axillaris* sind etwas aus ihren natürlichen Lagen gebracht.
14. *Nerv. musculo-cutaneus brachii s. perforans Casseri.*
15. *Nerv. radialis.*
16. *Nerv. medianus* entspringt mit zwei Bündeln, welche die *arteria axillaris* umgreifen.
17. *Nerv. ulnaris.*
18. *Nerv. axillaris s. circumflexus axillae.*
19. *Nerv. phrenicus,* welcher aus dem vierten und fünften *nervus cervicalis* entsteht, zieht vor dem *musculus scalenus anticus* in die Brusthöhle.

Figure XVIII.

Nerfs cervicaux superficiels.

a.	Muscle massétère.	h.	Musc. scalène antérieur.
b.	Musc. mylohyoïdien.	i.	Musc. élévateur scapulaire.
c.	Musc. digastre.	k.	Musc. trapèze.
d.	Musc. hyoglosse.	l.	Musc. deltoïdien.
e.	Musc. sternohyoïdien.	m.	Musc. splénius.
f.	Musc. omohyoïdien.	n.	Musc. sterno-cléido-mastoïdien.
g.	Musc. sternothyréoïdien.	o.	Musc. occipital.
	p. Muscle auriculaire postérieur.		
A.	Glande parotide.	C.	Glande thyréoïdienne.
B.	Glande sous-maxillaire.	D.	Carotide externe.
	E. Artère thyréoïdienne supérieure.		

1. Nerf sous-cutané de la mâchoire inférieure (rameau du facial).
2. Nerf sous-cutané supérieur du cou (rameau du facial), qui forme une
3. anastomose avec le
4. nerf sous-cutané médian du cou qui sort du plexus cervical supérieur.
5. Nerf sous-cutané inférieur du cou.
6. Nerfs sus-claviculaires qui, émanant du quatrième nerf cervical, descendent dans la région sus-claviculaire et se ramifient dans la peau au-dessus et au-dessous de la clavicule.
7. Nerf auriculaire grand qui va montant sur le muscle sterno-cléido-mastoïdien, s'anastomose avec le nerf occipital petit et se perd en grande partie dans la peau de l'oreille. Quelques faibles rameaux antérieurs passent entre les lobules de la glande parotide et se ramifient dans la peau qui correspond au muscle massétère.
8. Nerf occipital petit.
9. Nerf occipital grand qui émane à l'extrémité supérieure du trapèze et, après quelques anastomoses avec l'occipital petit, se perd dans la peau de la région occipitale jusqu'à la sommité crânienne.
10. Nerf accessoire de Willis qui traverse le sterno-cléido-mastoïdien, se dirige en bas pour se perdre sous le muscle trapèze.
11. Point d'émergence du nerf cervical troisième et son anastomose avec le nerf accessoire de Willis.
12. Point d'émergence du nerf cervical quatrième avec les rameaux musculaires qu'il donne aux muscles scalènes postérieurs et à l'élévateur scapulaire.
13—16. Les quatre nerfs cervicaux inférieurs qui, passant derrière l'artère sous-clavière (19), forment le plexus cervical inférieur ou brachial.
17. Nerf dorsal scapulaire.
18. Nerf sus-scapulaire.
19. Artère sous-clavière.
20. Avant le chiffre, on voit descendre le faible nerf sous-clavier jusqu'au muscle de même nom.

Figure XIX.

La clavicule a été scié par le milieu et sa moitié intérieure tirée vers le bas pour mettre à découvert les points d'émergence des nerfs cervicaux inférieurs, ainsi que le plexus axillaire, formé par ces nerfs.

a.	Muscle sternohyoïdien.	f.	Muscle élévateur scapulaire.
b.	Ventre ou renflement antérieur du muscle omohyoïdien.	g.	Muscle splénius.
		h.	Muscle trapèze.
c.	Muscle sterno-cléido-mastoïdien.	i.	Muscle dentelé antérieur grand.
d.	Muscle scalène antérieur.	k.	Muscle sous-scapulaire.
e.	Muscle scalène postérieur.	l.	Muscle grand dorsal.
m.	Muscle pectoral petit, coupé et refoulé en arrière.		
n.	Muscle pectoral grand, coupé, comme le précédent et refoulé en arrière.		
o.	Muscle deltoïdien.	q.	Muscle triceps du bras.
p.	Muscle biceps du bras.	r.	Muscle coracobrachial.

1. Nerf accessoire de Willis.
2. Nerf cervical troisième.
3. Nerf cervical quatrième qui forme une anse avec le précédent.
4—7. Nerfs cervicaux inférieurs qui forment conjointement avec le
8. nerf dorsal premier le plexus cervical inférieur ou brachial.
9. Nerf sus-scapulaire.
10. Nerfs thoraciques antérieurs destinés aux muscles pectoraux, grand et petit.
11. Nerf thoracique long ou respirateur externe.
12. Nerf cutané interne du bras qui prend un rameau du nerf intercostal second.
13. Nerf cutané médian du bras. Ces deux derniers nerfs, ainsi que tous les autres nerfs du creux axillaire ont été un peu écarté de leurs positions naturelles.
14. Nerf musculo-cutané du bras ou le perforant de Gasser.
15. Nerf radial.
16. Nerf médian, émanant avec deux faisceaux qui embrassent l'artère axillaire.
17. Nerf cubital.
18. Nerf axillaire ou circonflexe de l'aisselle.
19. Nerf phrénique qui émane du quatrième et du cinquième nerf cervical, passe devant le muscle scalène antérieur pour se rendre dans la cavité thoracique.

Tafel 13.

Figura XX.

Die Hautnerven des Armes an der Beugeseite ausserhalb der Muskelbände dargestellt.

a. *Vena cephalica* unter die *fascia* tretend.
b. *Vena mediana.*
c. *Vena basilica,* welche durch den *hiatus semilunaris* unter die *fascia brachii* tritt.
d. *Aponeurosis bicipitis.*
e. *Aponeurosis palmaris.*
f. *Musculus supinator brevis.*
g. Die Lücken unter der *fascia palmaris* zum Austritt der Arterien und Nerven.
   1. Endäste der *nervi supraclaviculares.*
   2. *Nervus cutaneus internus minor brachii.*
   3. Endäste vom *nervus cutaneus superior posterior brachii.* (Endast des *nerv. azillaris.*)
   4. *Nervus cutaneus internus major s. medius brachii,* welcher in der Umgebung der *vena basilica* aus dem *hiatus semilunaris fasciae brachii* hervortritt und als *nervus cutaneus ulnaris* in der Haut des Vorderarmes endet.
   5. Endast des *nervus musculo-cutaneus s. nerv. cutaneus externus brachii,* welcher als *ramus cutaneus antibrachii* sich in der Haut verbreitet.
   6. *Nervus cutaneus antibrachii externus nervi radialis.*
   7. *Ramus cutaneus palmaris nervi ulnaris,* welcher mit dem *sub* 4 genannten Nerv eine Anastomose eingeht.
   8. *Ramus cutaneus palmaris nervi mediani.*
   9. *Ramus dorsalis externus pollicis.*
   10. Mehrere schwache Zweige, welche durch kleine Lücken der *fascia palmaris* zur Haut der *vola manus* gelangen.
   11. *Rami digitales volares.*
   12. *Rami volares pollicis.*

Figura XXIII.

Die Nerven der Schulterblattgegend und des Oberarmes von der hintern Seite gesehen.

a. *Musculus cucullaris,* welcher theilweise entfernt wurde.
b. Der hintere Bauch des *musc. omohyoideus.*
c. *Musc. levator scapulae* und *scalenus posterior.*
d. *Musc. supraspinatus* theilweise abgetragen.
e. *Musc. infraspinatus,* welcher theilweise entfernt ist.
f. *Musc. teres minor.*
g. *Musc. teres major.*
h. Ein Theil des *m. latissimus dorsi.*
i. *Musc. deltoideus* theilweise von der *spina scapulae* abgetragen und zurückgeschlagen.
k. *Caput longum tricipitis.*
l. *Caput internum tricipitis.*
m. *Caput externum tricipitis,* von welchem ein Stück abgetragen ist.
   1. Die Nervenstämme, welche den *plexus brachialis* bilden, sind in der Tiefe sichtbar.
   2. *Nervus suprascapularis,* welcher gedeckt von dem *m. omohyoideus* nach abwärts zieht und in dieser Abbildung gemeinschaftlich mit der *arteria transversa scapulae,* unter dem *ligamentum transversum scapulae,* in die *fossa supraspinata* gelangt. (In der Regel tritt die genannte Arterie über dem Bande in die *fossa supraspinata.*)
   3. *Nervus supraspinatus.*
   4. *Nervus infraspinatus* für den gleichnamigen Muskel.
   5. *Nervus axillaris s. circumflexus axillae,* welcher
   6. einen Zweig zum *musc. teres minor* schickt.
   7. *Rami musculares* für den *musc. deltoideus.*
   8. Zwei Zweige, welche unter dem Namen *nervus cutaneus brachii superior posterior* zur Haut des Oberarmes gelangen (S. Fig. XX.3).
   9. *Nervus radialis,* welcher gemeinschaftlich mit der *arteria profunda brachii* dicht an der hintern Fläche des *os humeri* herumzieht und
   10. Zweige für den *musc. triceps brachii* abgibt.
   11. Der Theil des *nerv. radialis,* welcher zwischen dem *musc. supinator longus* und *m. brachialis internus* nach aussen und vorn zieht.
   12. *Nervus ulnaris,* welcher zwischen dem *Olekranon* und dem *condylus internus humeri* sichtbar ist.

Figure XX.

Nerfs cutanés du bras à sa face antérieure, représentés en dehors du fascia musculaire.

a. Veine céphalique, passant sous le fascia.
b. Veine médiane.
c. Veine basilique, passant par le trou sémi-lunaire sous le fascia du bras.
d. Aponévrose du biceps.
e. Aponévrose palmaire.
f. Muscle supinateur court.
g. Interstices au-dessous du fascia palmaire pour l'émergence des artères et des nerfs.
   1. Branches terminales des nerfs sus-claviculaires.
   2. Nerf cutané interne petit du bras.
   3. Branches terminales du nerf cutané supérieur postérieur du bras (branche terminale du nerf axillaire).
   4. Nerf cutané interne grand ou médian du bras, qui émerge du trou sémi-lunaire au fascia du bras, non loin de la veine basilique, et se perd comme nerf cutané cubital dans la peau de l'avant-bras.
   5. Branche terminale du nerf musculo-cutané, ou nerf cutané externe du bras qui, comme rameau cutané de l'avant-bras, se répand dans la peau.
   6. Nerf cutané de l'avant-bras, externe du nerf radial.
   7. Rameau cutané palmaire du nerf cubital, s'anastomosant avec le nerf 4.
   8. Rameau cutané palmaire du nerf médian.
   9. Rameau dorsal externe du pouce.
   10. Plusieurs rameuscules qui passent par de petites ouvertures de l'aponévrose palmaire pour arriver à la peau du creux de la main.
   11. Rameaux digitaux palmaires.
   12. Rameaux palmaires du pouce.

Figure XXIII.

Nerfs de la région de l'omoplate et du bras, vus de leur face postérieure.

a. Muscle trapèze, éloigné en partie.
b. Ventre postérieur du muscle omoplate-hyoïdien.
c. Muscle releveur de l'épaule et scalène postérieur.
d. Muscle sus-épineux, enlevé en partie.
e. Muscle sous-épineux, coupé.
f. Muscle rond petit.
g. Muscle rond grand.
h. Portion du grand dorsal.
i. Deltoïde, partie repliée, partie enlevé de l'épine de l'omoplate.
k. Tête longue du triceps.
l. Tête interne du triceps.
m. Tête externe du triceps, dont une portion a été enlevée.
   1. Les troncs nerveux, qui forment le plexus brachial, sont visibles dans le fond.
   2. Nerf sus-scapulaire qui, couvert par le muscle omoplate-hyoïdien, prend une direction descendante. La figure le montre arrivant avec l'artère transverse de l'épaule par-dessous le ligament transverse dans le creux sus-épineux. (Dans la règle, cette artère se rend par-dessus le ligament dans le creux sus-épineux.)
   3. Nerf sus-épineux.
   4. Nerf sous-épineux, destiné au muscle du même nom.
   5. Nerf axillaire ou circonflexe qui
   6. envoie un rameau au muscle rond petit.
   7. Rameaux musculaires du deltoïde.
   8. Deux rameaux qui, sous le nom de nerf cutané supérieur postérieur du bras, se dirigent vers la peau du bras.
   9. Nerf radial qui, avec l'artère profonde du bras, contourne la face postérieure de l'os huméral et donne des
   10. rameaux au muscle triceps du bras.
   11. Partie du nerf radial qui se porte en dehors et en avant entre le muscle supinateur long et le muscle brachial interne.
   12. Nerf cubital, visible entre l'olécrâne et le condyle interne de l'épaule.

Figura XXIV.

Die Nervenverbreitung an der Streckseite des Vorderarmes und der Hand.

a. *Musculus brachialis internus.*
b. *Caput internum musc. tricipitis.*
c. *Musc. supinator longus.*
d. *Musc. extensor carpi radialis externus.*
e. *Musc. extensor carpi radialis internus.*
f. *Musc. supinator brevis.*
g. *Musc. abductor pollicis longus.*
h. *Musc. extensor pollicis brevis.*
i. *Musc. extensor pollicis longus.*
k. *Musc. extensor indicis proprius.*
l. *Musc. extensor dipiti minimi proprius.*
m. *Musc. extensor carpi ulnaris.*
n. *Musc. extensor digitorum communis.*
1. *Nervus radialis.*
2. *Ramus muscularis* für den *supinator longus.*
3. *Ramus muscularis* für den *extensor carpi radialis externus.*
4. *Ramus muscularis* für den *extensor carpi radialis internus.*
5. *Ramus muscularis* für den *brachialis internus.*
6. *Ramus superficialis nervi radialis.*
7. *Ramus articularis.*
8. *Ramus profundus nervi radialis,* welcher den *musc. supinator brevis* perforirt, demselben Zweige ertheilt und zwischen den in dieser Abbildung auseinander gezogenen Extensoren in eine Anzahl *rami musculares* zerfällt.
9. *Nervus interosseus externus antibrachii,* welcher sich in eine Anzahl *rami musculares* für die unter *g. h. i. k.* genannten Muskeln theilt.
10. Endzweig des *nervus interosseus externus,* welcher auf dem *ligamentum interosseum antibrachii* nach abwärts zieht und sich als
11. *nervus articularis* auf den Dorsalflächen der Handwurzelgelenke verstellt.
12. Der *ramus superficialis nervi radialis* tritt unter der Mitte des Vorderarmes, gedeckt von dem *musc. supinator longus,* hervor und zerfällt in den
13. *ramus dorsalis radialis pollicis* und
14. die vier *rami digitales dorsales* für den Ulnarand des Daumens, die beiden Ränder des Zeigefingers und den Radialrand des Mittelfängers.
15. Verbindungszweig für den *ramus dorsalis nervi ulnaris.*

Figura XXV.

Die Nerven des Handrückens.

a. *Plexus venosus dorsalis manus.*
b. *Vena cephalica pollicis.*
c. *Plexus venosi digitales.*
1. Der Endast des *ramus superficialis nervi radialis.*
2. *Ramus dorsalis radialis pollicis.*
3. *Ramus dorsalis,* welcher sich in zwei Zweige theilt, wovon der äussere den Ulnarand des Daumens und der innere den Radialrand des Zeigefingers versorgt.
4. Aus dem Nervenzweig, welcher zu dem Ulnarand des Zeigefingers und dem Radialrand des Mittelfängers gelangt, geht ein Verbindungsast zum
5. *ramus dorsalis nervi ulnaris.*
6. Verbindungsast für den *sub* 4 genannten Nerven.
7. *Ramus digitalis communis.*
8. *Rami digitales dorsales nervi radialis.*
9. *Rami digitales dorsales nervi ulnaris.*

Figure XXIV.

Ramification des nerfs à la face postérieure de l'avant-bras et de la main.

a. Muscle brachial interne.
b. Tête interne du triceps.
c. Muscle supinateur long.
d. Muscle extenseur radial externe du poignet.
e. Muscle extenseur radial interne du poignet.
f. Muscle supinateur court.
g. Muscle abducteur long du pouce.
h. Muscle extenseur court du pouce.
i. Muscle extenseur long du pouce.
k. Muscle extenseur propre de l'index.
l. Muscle extenseur propre du petit doigt.
m. Muscle extenseur cubital du poignet.
n. Muscle extenseur commun des doigts.
1. Nerf radial.
2. Rameau musculaire destiné au supinateur long.
3. Rameau musculaire pour l'extenseur radial externe du poignet.
4. Rameau musculaire pour l'extenseur radial interne du poignet.
5. Rameau musculaire pour le brachial interne.
6. Rameau superficiel du nerf radial.
7. Rameau articulaire.
8. Rameau profond du nerf radial qui perfore le muscle supinateur court, lui fournit des rameaux et se divise en quantité de rameaux musculaires entre les extenseurs représentés, dans la figure, écartés l'un de l'autre.
9. Nerf interosseux externe de l'avant-bras, qui se divise en quantité de rameaux musculaires pour les muscles g. h. i. k.
10. Branche terminale du nerf interosseux externe qui se dirige en bas par-dessus le ligament interosseux et, devenu
11. nerf articulaire, se ramifie à la face dorsale du poignet.
12. Rameau superficiel du nerf radial qui émerge vers le milieu de l'avant-bras et qui, couvert par le supinateur long, se divise dans le
13. rameau dorsal radial du pouce et
14. les quatre rameaux digitaux dorsaux pour le bord cubital du pouce, les deux bords de l'index et le bord radial du médius.
15. Rameau anastomotique pour le rameau dorsal du nerf cubital.

Figure XXV.

Nerfs du dos de la main.

a. Plexus veineux dorsal de la main.
b. Veine céphalique du pouce.
c. Plexus veineux digitaux.
1. Branche terminale du rameau superficiel du nerf radial.
2. Rameau dorsal radial du pouce.
3. Rameau dorsal qui se divise en deux rameaux, dont l'externe fournit le bord cubital du pouce et l'interne, le bord radial de l'index.
4. Du rameau nerveux qui aboutit au bord cubital de l'index et au bord radial du médius, il se rend une branche anastomotique jusqu'au rameau dorsal du nerf cubital.
5. Rameau dorsal du nerf cubital.
6. Branche anastomotique pour le nerf 4.
7. Rameau digital commun.
8. Rameaux digitaux dorsaux du nerf radial.
9. Rameaux digitaux dorsaux du nerf cubital.

Tafel 14.

Figura XXI.
Nerven des Armes.

A. *Arteria brachialis* aus der Achselhöhle heraustretend.
B. Deren Theilung in die *arteria ulnaris* und *radialis*.
C. *Art. radialis*.
D. *Art. ulnaris*.
E. *Arcus volaris superficialis*.
  a. *Musculus deltoideus*.
  b. *Musc. pectoralis major*.
  c. *Musc. latissimus dorsi* mit dem *teres major*.
  d. *Caput longum bicipitis*.
  e. *Caput breve bicipitis*.
  f. *Musc. brachialis internus*.
  g. *Musc. coracobrachialis*.
  h. *Caput longum tricipitis*.
  i. *Caput internum tricipitis*.
  k. *Musc. pronator teres*.
  l. *Musc. flexor carpi radialis* etwas nach aussen gezogen.
  m. *Musc. palmaris longus*.
  n. *Musc. flexor digitorum sublimis*.
  o. *Musc. flexor carpi ulnaris*.
  p. *Musc. supinator longus*.
  q. *Musc. extensor carpi radialis*.
  r. *Musc. flexor digitorum communis profundus* ist sichtbar, indem der *musc. flexor digit. sublimis* theilweise abgetragen und mittelst Nadeln zurückgehalten wurde.
  s. *Musc. obluctor pollicis brevis*.
  t. *Musc. flexor pollicis brevis*.
  u. *Musc. adductor pollicis*.
  v. *Musculi lumbricales*.
  w. *Musc. abductor digiti minimi*.
  x. *Musc. flexor digiti minimi*.
  y. Die Sehnen des *flexor digitorum sublimis*, welche entsprechend den Fingergliedern durch die verschieden geformten Bändchen festgehalten werden.

1. *Nervus medianus*.
2. Dessen Lage unmittelbar vor der *arteria brachialis*.
3. Dessen Theilung in der *plica cubiti* und Durchtritt durch den *musc. pronator teres*.
4. Der Stamm des *nerv. medianus* ist durch theilweise Entfernung des *musc. flexor digit. sublimis* in der Mitte des Vorderarmes sichtbar.
5. *Nervus ulnaris*.
6. Die aus dem *nerv. medianus* hervorgehenden vier *rami digitales communes*, welche sich in die *rami digitales volares* theilen und den Daumen, Zeige- und Mittelfinger und Radialrand des Ringfingers versorgen.
7. Eine Anastomose, welche von dem *nerv. medianus* zum *nerv. ulnaris* tritt.
8. Zweige für die *musculi abductor*, *flexor* und *opponens pollicis*.
9. *Rami digitales volares pollicis*.
10. Ein Zweig, welcher zum *musculus lumbricalis primus* gelangt.
11. Ein Zweig für den *musculus lumbricalis secundus*.
12. *Ramus digitalis communis*, welcher sich theilt und die einander zugewendeten Flächen des Mittel- und Zeigefingers versorgt. Der dritte und vierte (11—12) umgreifen die ihnen entsprechenden Arterienzweige.
13. *Rami digitales volares*.
14. *Nervus cutaneus medius brachii* abgeschnitten.
15. *Nervus cutaneus internus* abgeschnitten.
16. *Ramus muscularis* für den langen Kopf des *triceps*.
17. *Ramus muscularis* für den innern Kopf des *triceps*.
18. *Nervus ulnaris*.
19. Dessen Lage zwischen *condylus internus humeri* und *olecranon*.
20. Die Beugemuskeln sind etwas auseinander gezogen, um den von denselben gedeckten *nerv. ulnaris* und dessen *rami musculares* sehen zu können. Die *rami musculares* gelangen zu dem *musc. flexor carpi ulnaris* und *flexor digitorum profundus*.
21. *Ramus cutaneus palmaris nervi ulnaris*.
22. *Ramus volaris nervi ulnaris* tritt, sich theilend, über das *ligamentum carpi volare proprium* in die Hohlhand, wird jedoch entsprechend dem *os pisiforme* durch eine schräge sehnige Brücke gedeckt.
23. *Ramus volaris superficialis* nimmt einen Verstärkungsast aus dem *nerv. medianus* auf und vertreitet sich am kleinen Finger und dem Ulnarrand des Ringfingers (24—25).
26. *Nervus radialis* erscheint zwischen der Sehne des *biceps* und dem Ursprung des *musc. supinator longus*. Der letztere wurde nach aussen gezogen und mittelst einer Nadel fixirt.
27. *Ramus profundus nervi radialis*.
28. *Ramus superficialis nervi radialis* gibt Zweige ab für den *musc. supinator longus* und die in der Tiefe sichtbaren beiden Extensoren der Radialseite (29).
30. *Ramus superficialis nervi radialis* tritt unter der Sehne des *musc. supinator longus* nach der Dorsalfläche.

Figure XXI.
Nerfs du bras.

A. Artère brachiale sortant du creux de l'aisselle.
B. Sa division en artère cubitale et radiale.
C. Artère radiale.
D. Artère cubitale.
E. Arcade palmaire superficiel.
  a. Muscle deltoïdien.
  b. Muscle pectoral grand.
  c. Muscle grand dorsal avec le rond grand.
  d. Tête longue du biceps.
  e. Tête courte du biceps.
  f. Muscle brachial interne.
  g. Muscle coracobrachial.
  h. Tête longue du triceps.
  i. Tête interne du triceps.
  k. Muscle pronateur rond.
  l. Muscle fléchisseur radial du carpe, un peu tiré en dehors.
  m. Muscle palmaire long.
  n. Muscle fléchisseur sublime des doigts.
  o. Muscle fléchisseur cubital du carpe.
  p. Muscle supinateur long.
  q. Muscle extenseur radial du carpe.
  r. Muscle fléchisseur commun profond des doigts, rendu visible par l'éloignement partiel du muscle fléchisseur sublime des doigts, érigné.
  s. Muscle abducteur court du pouce.
  t. Musc. fléchisseur court du pouce.
  u. Muscle adducteur du pouce.
  v. Muscles lombricaux.
  w. Muscle abducteur du petit doigt.
  x. Muscle fléchisseur du petit doigt.
  y. Tendons du fléchisseur sublime des doigts qui près des articulations sont fixés par des ligaments de formes diverses.

1. Nerf médian.
2. Sa position devant l'artère brachiale.
3. Sa division dans le pli du coude et son passage par le muscle pronateur rond.
4. Le tronc du nerf médian est rendu visible au milieu de l'avant-bras par l'éloignement partiel du muscle fléchisseur sublime des doigts.
5. Nerf cutané palmaire.
6. Les quatre rameaux digitaux communs qui sortent du nerf médian et qui se distribuent dans les rameaux digitaux palmaires, pourvoient le pouce, l'index, le médian et le bord radial de l'annulaire.
7. Anastomose qui va du nerf médian au nerf cubital.
8. Rameaux pour les muscles abducteur, fléchisseur et opposant du pouce.
9. Rameaux digitaux palmaires du pouce.
10. Rameau destiné au muscle lombrical premier.
11. Rameau pour le muscle lombrical deuxième.
12. Rameau digital commun qui se divise et pourvoit les deux faces opposées du médius et de l'index. Le troisième et quatrième rameau (11—12) embrassent les artères correspondantes.
13. Rameaux digitaux palmaires.
14. Nerf cutané moyen du bras, coupé.
15. Nerf cutané interne, coupé.
16. Rameau musculaire pour la tête longue du triceps.
17. Rameau musculaire pour la tête interne du triceps.
18. Nerf cubital.
19. Sa position entre le condyle interne de l'humérus et l'olécranon.
20. Les muscles fléchisseurs sont un peu écartés pour découvrir le nerf cubital et ses rameaux musculaires. Ceux-ci arrivent jusqu'au muscle fléchisseur du carpe et au muscle fléchisseur profond des doigts.
21. Rameau cutané palmaire du nerf cubital.
22. Rameau palmaire du nerf cubital passe en se divisant par-dessus le ligament palmaire propre du carpe dans la paume où il est recouvert d'un ligament étroit, près de l'os pisiforme.
23. Rameau palmaire superficiel qui reçoit un renfort du nerf médian et s'étend sur le petit doigt et le bord cubital de l'annulaire (24—25).
26. Nerf radial qui apparaît entre le tendon du biceps et l'origine du muscle supinateur long. Ce dernier est un peu érigné en dehors.
27. Rameau profond du nerf radial.
28. Rameau superficiel du nerf radial qui donne des rameaux destinés au muscle supinateur long et aux deux extenseurs du côté radial (29).
30. Rameau superficiel du nerf radial qui se dirige par-dessous le tendon du muscle supinateur long vers la face dorsale.

Figura XXII.

Die Muskelnerven des Armes an der Beugeseite.

a. *Musculus deltoideus.*
b. *Musc. pectoralis major* abgeschnitten.
c. *Musc. pectoralis minor* abgeschnitten.
d. *Musc. subscapularis.* f. *teres major.*
e. *Musc. latissimus dorsi* und g. *Musc. coracobrachialis.*
h. *Musc. biceps brachii* nach aussen zurückgezogen, so dass dessen innere Fläche sichtbar ist.
i. *Musc. brachialis internus.* m. *Musc. pronator teres.*
k. *Caput longum tricipitis.* n. n. *Musc. flexor carpi radialis.*
l. *Caput internum tricipitis.* o. *Musc. supinator longus.*
p. *Musc. flexor digitorum communis sublimis.*

(Die Muskeln m. n. o. p. sind abgeschnitten und zurückgeschlagen, wodurch die Eintrittsstellen der Nerven in ihre hinteren Flächen sichtbar sind.)

q. *Musc. flexor digitorum communis profundus.* Dessen Sehnen sind da, wo dieselben unter dem *ligamentum carpi volare proprium* hindurchgehen, abgeschnitten.
r. *Musc. supinator longus* etwas nach aussen gezogen.
s. *Musc. extensor carpi radialis longus* und *brevis.*
t. *Musc. supinator brevis.* x. *Musc. adductor pollicis.*
u. *Musc. flexor pollicis longus.* y. *Musc. adductor digiti minimi.*
v. *Musc. abductor pollicis brevis.* z. *Musc. abductor digiti minimi.*
w. *Musc. flexor pollicis brevis.* α. *Musculi interossei.*

1. *Nervus medianus.*
2. *Rami musculares,* welche in der *plica cubiti* aus dem *nerv. medianus* hervortreten und zu dem *musculus pronator teres* (m), *flexor carpi radialis* (n) und *palmaris longus* (o) gelangen.
3. *Rami musculares* für den *musculus flexor digitorum communis sublimis.*
4. *Nervus interosseus volaris s. internus,* welcher *rami musculares* für den *musc. flexor digitorum communis profundus* und
5. den *musc. flexor pollicis longus* abgiebt.

(Der *musc. flexor digitorum profundus* erhält einen zweiten *ramus muscularis* direkt aus dem Nervenstamm.)
6. Unter dem durchschnittenen und zurückgeschlagenen *musc. pronator quadratus* zieht der *nerv. interosseus volaris* nach abwärts und verzweigt sich in dem genannten Muskel und in dem Bandapparat der Handgelenke.
7. *Nervus medianus* ist an der Theilungsstelle in die *rami digitales,* welche theilweise abgetragen wurden, sichtbar. Das *ligamentum carpi volare proprium* ist entfernt.
8. *Rami digitales volares pollicis.*
9. *Rami musculares* für die *musculi flexor brevis, abductor brevis* und *opponens pollicis.*
10—11. *Nervus musculo-cutaneus s. perforans Gasseri s. cutaneus externus brachii,* welcher den *musculus coracobrachialis* perforirt und demselben einen ansehnlichen Zweig ertheilt, zieht zwischen dem zurückgeschlagenen *musc. biceps brachii* und dem *musc. brachialis internus* nach unten, versorgt noch diese Muskeln mit starken Zweigen (12—13) und endet, nach aussen an der Sehne des *biceps* die Fascie durchbrechend, als *nerv. cutaneus antibrachii* (14). (S. Fig. XX.)
15. *Nervus ulnaris.* Die Zahl steht auf der *arteria subscapularis.*
16. Dessen Durchtritt durch das *lig. intermusculare internum.*
17. Dessen Theilung in den *ramus volaris* und den *ram. dorsalis.*
18. *Ramus superficialis nervi ulnaris* abgeschnitten.
19. *Ramus profundus* nerv. ulnaris.

Der *musc. adductor digiti minimi* wurde theilweise abgetragen, damit der unter ihm durchziehende tiefe Hohlhandnerv grösstentheils freiliegt.
20. Dessen Verzweigung in den Muskeln der Hohlhand. Die *rami musculares* sind: für die *musculi abductor digiti minimi* (z), *adductor dig. minimi* (y), *lumbricalis tertius* und *quartus, adductor pollicis* (x), *flexor brevis pollicis* (für dessen *caput internum*) und für die sieben *musculi interossei* (α). Ausser diesen gehen vier
21. *rami articulares* zu den ersten Fingergelenken.
22. *Nervi subscapularis.*
23. *Ramus subscapularis* für den *musc. teres major.*
24. *Nervus axillaris s. circumflexus humeri.*
25. *Nervus radialis.*
26. Dessen *ramus muscularis* für das *caput longum tricipitis.*
27. *Ramus muscularis* für das *caput internum tricipitis.*
28. *Nervus radialis.* Zwischen den genannten beiden Muskelköpfen nach rückwärts ziehend.
29. *Ramus superficialis nervi radialis* gelangt in der Mitte des Vorderarmes unter der Sehne des *musc. supinator longus* nach rückwärts.
30. Dessen *rami musculares* für den *supinator longus* und den *extensor carpi radialis.*
31. *Ramus profundus nervi radialis* tritt durch den *musc. supinator brevis.*

Figure XXII.

Nerfs musculaires du bras à sa face interne.

a. Muscle deltoïdien.
b. Muscle pectoral grand coupé.
c. Muscle pectoral petit coupé.
d. Muscle sous-scapulaire. f. rond grand.
e. Muscle grand dorsal et g. Muscle coracobrachial.
h. Muscle biceps du bras, érigué en dehors pour découvrir sa face interne.
i. Muscle brachii interne. m. Muscle pronateur rond.
k. Tête longue du triceps. n. n. Muscle fléchisseur radial du carpe.
l. Tête interne du triceps. o. Muscle supinateur long.
p. Muscle fléchisseur commun sublime des doigts.

(Les muscles m. n. o. p. sont coupés et refoulés en arrière, pour rendre visibles les insertions des nerfs à leurs faces postérieures.)

q. Muscle fléchisseur profond des doigts. Ses tendons sont coupés à l'endroit où ils passent sous le ligament palmaire propre du carpe.
r. Muscle supinateur long, un peu érigué en dehors.
s. Muscle extenseur du carpe radial long et court.
t. Muscle supinateur court. x. Muscle adducteur du pouce.
u. Muscle fléchisseur long du pouce. y. Muscle adducteur du petit doigt.
v. Muscle abducteur court du pouce. z. Muscle abducteur du petit doigt.
w. Muscle fléchisseur court du pouce. α. Muscles interosseux.

1. Nerf médian.
2. Rameaux musculaires qui émergent du nerf médian dans le pli du coude et arrivent jusqu'au muscle pronateur rond (m), au fléchisseur radial du carpe (n) et au palmaire long (o).
3. Rameaux musculaires destinés au muscle fléchisseur commun sublime des doigts.
4. Nerf interosseux palmaire ou interne, qui donne des rameaux musculaires au muscle fléchisseur commun profond des doigts et au
5. muscle fléchisseur long du pouce.

(Le muscle fléchisseur profond des doigts reçoit directement du tronc nerveux un deuxième rameau musculaire.)
6. Nerf interosseux palmaire qui se dirige vers le bas en passant sous le muscle pronateur carré coupé et refoulé en arrière et se ramifie dans le dit muscle et dans les ligaments des articulations du carpe.
7. Nerf médian, rendu visible à l'endroit où il se divise dans les rameaux digitaux enlevés en partie. Le ligament palmaire propre du carpe est tout-à-fait écarté.
8. Rameaux digitaux palmaires du pouce.
9. Rameaux musculaires destinés aux muscles fléchisseur court, abducteur court, et opposant du pouce.
10—11. Nerf musculo-cutané ou perforant de Gasser ou cutané externe du bras qui perfore le muscle coracobrachial et lui laisse un rameau considérable, passe en descendant entre le muscle biceps du bras, refoulé en arrière, et le muscle interne du bras, donne à ces muscles de forts rameaux (12—13), et devient le nerf cutané de l'avant bras (14). Voir fig. XX.
15. Nerf cubital. Le chiffre se trouve sur l'artère sous-scapulaire.
16. Son passage par le ligament intermusculaire interne.
17. Sa division en rameau palmaire et rameau dorsal.
18. Rameau superficiel du nerf cubital, coupé.
19. Rameau profond du nerf cubital.

Le muscle adducteur du petit doigt, enlevé en partie pour mettre à découvert le nerf palmaire profond qui passe dessous.
20. Sa ramification dans les muscles de la paume. Les rameaux musculaires sont destinés aux muscles abducteur du petit doigt (z), adducteur du petit doigt (y), lombrical troisième et quatrième, adducteur du pouce (x), fléchisseur court du pouce (sa tête interne), et aux sept muscles interosseux (α). Outre ceux-ci il va quatre
21. rameaux articulaires aux premières articulations.
22. Nerfs sous-scapulaires.
23. Rameau sous-scapulaire destiné au muscle rond grand.
24. Nerf axillaire ou circonflexe de l'humérus.
25. Nerf radial.
26. Son rameau musculaire destiné à la tête longue du triceps.
27. Rameau musculaire destiné à la tête interne du triceps.
28. Nerf radial se portant en arrière entre les deux dites têtes de muscle.
29. Rameau superficiel du nerf radial qui se dirige en arrière au milieu de l'avant-bras sous le tendon du muscle supinateur long.
30. Ses rameaux musculaires destinés au supinateur long et à l'extenseur radial du carpe.
31. Rameau profond du nerf radial qui traverse le muscle supinateur court.

Tafel 15.

Figura XXVI.

Die seitlichen und vordern Nerven des Rumpfes.

a. *Musculus pectoralis major.*
b. *Musculus pectoralis minor.*
c. *Musculus serratus anticus major.*
d. *Musculus obliquus abdominis externus.*
e. *Musculus latissimus dorsi.*
f. *Musculus intercostalis externus.*
g. *Musculus subscapularis.*
h. *Musculus coraco-brachialis.*
i. *Musculus teres minor.*

1. *Nervus thoracicus longus*, s. *respiratorius externus*, welcher in den Zacken des *serratus anticus major* sich verzweigt.
2. *Ramus cutaneus lateralis des nervus intercostalis secundus*, welcher in den *ramus anterior* und den *cutaneus internus minor brachii* zerfällt.
3. *Ramus cutaneus lateralis des nervus intercostalis tertius* in einen vordern und hintern Zweig zerfallend.
4—12. *Rami cutanei laterales der nervi thoracici und abdominales*, welche sämmtlich in vordere und hintere Aeste zerfallen. Von 6 und 7 gelangen einzelne Zweige zu den obern Zacken des *obliquus abdominis externus.*
13. 14. *Rami cutanei anteriores der nervi intercostales und abdominales.*
15. *Nervus cutaneus internus minor brachii.*
16. *Nervus cutaneus internus major*, s. *medius brachii.*
17. *Nervus medianus.*
18. *Nervus radialis.*
19. *Nervus ulnaris.*
20. *Vena axillaris.*

Figure XXVI.

Nerfs latéraux et antérieurs du tronc.

a. Muscle pectoral grand.
b. Muscle pectoral petit.
c. Muscle dentelé antérieur grand.
d. Muscle oblique externe de l'abdomen.
e. Muscle grand dorsal.
f. Muscle intercostal externe.
g. Muscle sous-scapulaire.
h. Muscle coraco-brachial.
i. Muscle rond petit.

1. Nerf thoracique long, ou respiratoire externe qui se ramifie dans les dents du grand dentelé antérieur.
2. Rameau cutané latéral du nerf intercostal second qui se divise dans le rameau antérieur et le cutané interne petit du bras.
3. Rameau cutané latéral du nerf intercostal troisième qui se divise en rameau antérieur et postérieur.

4 à 12. Rameaux cutanés latéraux des nerfs thoraciques et abdominaux qui tous se divisent en antérieurs et en postérieurs. De 6 et 7 quelques rameaux se rendent aux dents supérieurs de l'oblique externe de l'abdomen.
13 — 14. Rameaux cutanés extérieurs des nerfs intercostaux et abdominaux.
15. Nerf cutané interne petit du bras.
16. Nerf cutané interne grand ou médian du bras.
17. Nerf médian.
18. Nerf radial.
19. Nerf cubital.
20. Veine axillaire.

Figura XXVII.

Die Nerven an der Rückenfläche des Stammes.

a. *Musculus gluteus maximus.*
b. *Musculus latissimus dorsi.*
c. *Musculus teres major.*
d. *Musculus cucullaris.*
e. *Musculus rhomboideus major.*
f. *Musculus infraspinatus.*
g. *Musculus teres minor.*
h. *Musculus deltoideus.*
i. *Musculus splenius capitis.*
k. *Musculus sternocleidomastoideus.*
l. *Musculus extensor dorsi communis*, s. *musculus opisthotenar.*
m. *Musculus sacro-lumbalis.*
n. *Musculus complexus minor*, theilweise sichtbar.
o. *Musculus spinalis dorsi.*
p. *Musculus longissimus dorsi.*
pp. *Musculus biventer und complexus major* abgeschnitten und zurückgeschlagen.
q. *Multifidus spinae.*
r. *Musculus obliquus inferior.*
s. *Musculus rectus capitis posterior major.*
t. *Musculus rectus capitis posterior minor.*
u. *Musculus bicenter und complexus* abgeschnitten und zurückgeschlagen.
v. Oberes Ende des Kopfnickers.
w. *Musculus obliquus abdominis externus.*
x. *Musculus intercostalis externus.*

1. *Rami cutanei dorsales nervorum lumbalium.*
2. *Ram. cutanei dorsales nervorum thoracicorum.*
3. *Ram. cutanei dorsales nervorum cervicalium.*
4. *Nervus occipitalis minor.*
5. *Nervus occipitalis major.*
6. *Ramus muscularis* für den *musculus complexus.*
7. *Ramus muscularis* vom *nervus cervicalis tertius*, welcher bis zum Hinterhaupt emporsteigt.
8. *Rami dorsales*, welche der tiefen Muskelschichte Zweige ertheilen.
9. Die Austrittsstellen der *rami dorsales nervi thoracici* und
10. *rami musculares* derselben.
11. *Ramus muscularis* für den *musculus sacrolumbalis.*
12. *Rami cutanei.*
13. *Rami posteriores nervorum sacralium.*
14. Deren *rami cutanei.*

Figure XXVII.

Nerfs de la face dorsale du tronc.

a. Muscle fessier.
b. Muscle grand dorsal.
c. Muscle rond grand.
d. Muscle trapèze.
e. Muscle rhomboïdien-grand.
f. Muscle sous-spineux.
g. Muscle rond petit.
h. Muscle deltoïde.
i. Muscle splénius de la tête.
k. Muscle sterno-cléido-mastoïdien.
l. Muscle extenseur commun du dos ou muscle opisthotenar.
m. Muscle sacro-lombaire.
n. Muscle complexe petit, partiellement visible.
o. Muscle spinal du dos.
p. Muscle grand dorsal.
pp. Muscle biventre et complexe grand, coupé et érigné.
q. Multifide de l'épine.
r. Muscle oblique inférieur.
s. Muscle droit postérieur grand de la tête.
t. Muscle droit postérieur petit de la tête.
u. Muscle biventre et complexe coupé et érigné.
v. Terminaison supérieure du sterno-cléido-mastoïdien.
w. Muscle oblique externe de l'abdomen.
x. Muscle intercostal externe.

1. Rameaux cutanés dorsaux des nerfs lombaires.
2. Rameaux cutanés dorsaux des nerfs thoraciques.
3. Rameaux cutanés dorsaux des nerfs cervicaux.
4. Nerf occipital petit.
5. Nerf occipital grand.
6. Rameau musculaire pour le complexe.
7. Rameau dorsal du nerf cervical troisième qui se porte jusqu'à l'occiput.
8. Rameaux dorsaux qui fournissent des rameaux à la couche musculaire profonde.
9. Points d'émergence des rameaux dorsaux des nerfs thoraciques et
10. rameaux musculaires de ces derniers.
11. Rameau musculaire destiné au muscle sacro-lombaire.
12. Rameaux cutanés.
13. Rameaux postérieurs des nerfs sacrés.
14. Nerfs cutanés de ces derniers.

Figura XXXII.

Die Nerven des weiblichen Dammes.

a. *Musculus gluteus maximus.*
b. *Musculus sphincter ani externus.*
c. *Musculus constrictor vaginae.*
d. *Musculus levator ani.*
e. *Musculus transversus perinaei.*
f. *Musculus ischio-clitoridis.*
1. *Nervus pudendus communis.*
2. *Nervus haemorrhoidalis externus.*
3. *Nervi perinaei für die Muskeln und Haut des Dammes.*
4. 5. *Nervi labiales posteriores.*
6. *Nervus clitoridis, welcher unter dem musculus ischio-clitoridis durchtritt und*
7. *in der glans clitoridis sich verbreitet.*
8. *Rami cutanei perinaei.*
9. *Nervi anococcygei für die hintere Abtheilung des musculus sphincter ani externus.*
10. *Rami cutanei perinaei vom nerv. cutaneus femoris posterior.*

Figura XXXIII.

Die Nerven des männlichen Dammes.

A. *Musculus levator ani.*
B. *Musculus sphincter ani externus.*
C. *Musculus bulbo-cavernosus.*
D. *Musculus ischio-cavernosus.*
E. *Musculus transversus perinaei.*
F. *Musculus gluteus maximus.*
a. *Arteria pudenda communis.*
b. *Arteria haemorrhoidalis externa.*
c. *Arteria transversa perinaei.*
d. *Arteria pudenda communis, welche über dem musculus transversus perinaei nach vorn und oben zieht und die*
e. *arteria bulbo-urethralis in den Bulbus der Harnröhre schickt.*
f. *Arteria penis, welche in dem Winkel zwischen dem Ursprung des corpus cavernosum penis und dem Bulbus nach oben zieht.*
g. *Arteriae scrotales posteriores.*
1. *Nervus haemorrhoidalis inferior.*
2. *Muskeläste für den levator ani.*
3. *Nervus pudendus communis, welcher unter der Arterie seine Lage hat.*
4. *Nervi perinaei, welche Muskeln und Haut des Dammes versorgen und den Cowper'schen Drüsen einige Zweige ertheilen.*
5. *Nervi scrotales posteriores.*
6. *Der in der Tiefe theilweise sichtbare nervus dorsalis penis, s. pudendus superior.*
7. *Nervi anococcygei, welche den hintern Theil des musculus sphincter ani externus versorgen.*
8. *Ramus cutaneus perinaei vom nervus cutaneus femoris posterior.*

Figure XXXII.

Nerfs du périnée de la femme.

a. Muscle fessier grand.
b. Muscle sphincter externe de l'anus.
c. Muscle constricteur du vagin.
d. Muscle releveur de l'anus.
e. Muscle transverse du périnée.
f. Muscle ischio-clitoride.
1. Nerf honteux commun.
2. Nerf hémorrhoïdal externe.
3. Nerfs du périnée, destinés aux muscles et à la peau de ce dernier.
4. 5. Nerfs labiaux postérieurs.
6. Nerf clitoridien qui passe sous le muscle ischio-clitoride et se ramifie dans la
7. glande clitoride.
8. Rameaux cutanés du périnée.
9. Nerfs anococcygiens destinés à la portion postérieure du muscle sphincter externe de l'anus.
10. Rameaux cutanés périnéaux du nerf cutané fémoral postérieur.

Figure XXXIII.

Nerfs du périnée de l'homme.

A. Muscle releveur de l'anus.
D. Muscle sphincter externe de l'anus.
C. Muscle bulbo-caverneux.
D. Muscle ischio-caverneux.
E. Muscle transverse du périnée.
F. Muscle fessier grand.
a. Artère honteuse commune.
b. Artère hémorrhoïdale externe.
c. Artère transverse du périnée.
d. Artère honteuse commune qui, se dirigeant en avant et en haut, passe sur le muscle transverse du périnée, et envoie
e. l'artère bulbo-uréthrale dans le bulbe du canal de l'uréthre.
f. Artère du pénis, sa direction ascendante dans l'angle entre l'origine du corps caverneux du pénis et le bulbe.
g. Artères scrotales postérieures.
1. Nerf hémorrhoïdal inférieur.
2. Branches musculaires destinées au releveur de l'anus.
3. Nerf honteux commun qui a sa place sous l'artère.
4. Nerfs périnéaux qui fournissent les muscles et la peau du périnée et donnent quelques rameaux aux glandes du Cowper.
5. Nerfs scrotaux postérieurs.
6. Le nerf dorsal du pénis, nerf honteux supérieur, partiellement visible dans le fond, ou
7. Nerfs anococcygiens qui fournissent la portion postérieure du muscle sphincter externe de l'anus.
8. Rameau cutané périnéal du nerf cutané fémoral postérieur.

Tafel 16.

Figura XXVIII.

Die Nerven der Brust- und Bauchwand von innen
dargestellt.

A. Durchschnittene Lendenwirbelkörper.
B. Durchschnittene Rippenköpfchen.
C. *Arteria vertebralis.*
D. Durchschnittene Wirbelbogen.
E. *Dura mater spinalis.*
F. *Arteria subclavia.*
G. *Vena subclavia.*
a. *Musculus rectus abdominis.*
b. *Musc. obliquus abdominis internus.*
c. *Musc. transversus abdominis.*
d. *Musc. iliacus internus.*
e. *Musc. psoas major.*
f. *Musc. quadratus lumborum.*
g. *Musculi intercostales interni,* welche theilweise losgetrennt und zurückgeschlagen erscheinen.
h. *Musc. scalenus medius.*
i. *Musc. scalenus anterior.*
k. *Musc. sternocleido-mastoideus.*
l. *Manubrium sterni.*
m. *Corpus sterni.*
n. *Processus ensiformis.*
1. Das Rückenmark mit den Nervenwurzeln, welche in verschiedener Richtung gegen die Intervertebralöffnungen ziehen und in diesen die *ganglia intervertebralia* bilden.
2. *Cauda equina.*
3. *Nervus cervicalis septimus.*
4. *Nerv. cervicalis octavus.*
5. *Nerv. intercostalis s. thoracicus primus,* von welchem
6. der stärkere Zweig zum *plexus brachialis* geht und
7. der schwächere als *ramus intercostalis* in dem *spatium intercostale* nach vorn gegen den Seitenrand des Brustbeins läuft.
7—13. *Nervi intercostales thoracis,* von denen mehrere mit einander Verbindungen eingehen.
14—18. *Nervi intercostales abdominales.*
19—21. *Nervi lumbales,* welche durch ihre gegenseitige Verbindung den gleichnamigen Plexus darstellen.
22. *Rami cutanei laterales thoracis.*
23. *Rami cutanei laterales abdominales.*
24. *Rami cutanei thoracis anteriores.*
25. *Rami musculares* für den *m. rectus abdominis,* von denen die *rami cutanei abdominales anteriores* den genannten Muskel perforiren, um zur Cutis zu gelangen.
26. *Nerv. ilio-hypogastricus.*
27. *Nerv. ilioinguinalis.*
28. *Nerv. cutaneus femoris externus.*
29. *Nerv. obturatorius.*
30. *Nerv. cruralis.*
31. *Ganglion thoracicum primum nervi sympathici.*
32. *Ganglia thoracica et lumbalia nervi sympathici.*
33. Theilung der Grenzstranges in den *truncus caroticus* und *truncus vertebralis.*
34. Verbindungsglieder der einzelnen sympathischen Ganglien.
35. *Rami communicantes nervi sympathici* und die Wurzeln
36. des *nervus splanchnicus major.*

Figura XXIX.

Die Lumbalnerven in ihrem Verlaufe in der Bauch- und
Beckenhöhle dargestellt.

A. *Aorta abdominalis* mit den abgeschnittenen Arterienstämmen der Baucheingeweide.
B. *Arteria iliaca communis.*
C. *Art. iliaca interna.*
D. *Art. iliaca externa.*
E. *Arteriae lumbales.*
F. *Arteriae spermaticae.*
G. *Art. ilio-lumbalis.*
H. *Art. circumflexa ilii.*
I. *Art. epigastrica inferior.*
K. *Vena iliaca externa.*
L. *Vas deferens.*

Figure XXVIII.

Nerfs des parois de la poitrine et de l'abdomen,
vus de dedans.

A. Coupe des vertèbres lombaires.
B. Coupe des têtes costales.
C. Artère vertébrale.
D. Coupe des arcs vertébraux.
E. Dure-mère spinale.
F. Artère sous-clavière.
G. Vène sous-clavière.
a. Muscle droit de l'abdomen.
b. Muscle oblique interne de l'abdomen.
c. Muscle transverse de l'abdomen.
d. Muscle iliaque interne.
e. Muscle psoas grand.
f. Muscle carré lombaire.
g. Muscles intercostaux internes qui apparaissent en partie séparés et renversés en arrière.
h. Muscle scalène médian.
i. Muscle scalène antérieur.
k. Muscle sternocléido-mastoidien.
l. Première pièce du sternum.
m. Corps du sternum.
n. Appendice xiphoïde.
1. Moelle épinière avec les racines des nerfs qui se portent en différentes directions vers les trous intervertébraux où ils forment les ganglions intervertébraux.
2. Queue de cheval.
3. Nerf cervical septième.
4. Nerf cervical huitième.
5. Nerf intercostal ou thoracique premier dont
6. le plus fort rameau se rend au plexus brachial et
7. le plus faible (rameau intercostal) marche en avant dans l'espace intercostal vers le bord latéral de l'os sternal.
7 à 13. Nerfs intercostaux du thorax dont plusieurs s'anastomosent entre eux.
14 à 18. Nerfs intercostaux abdominaux.
19 à 21. Nerfs lombaires qui par des anastomoses mutuelles forment le plexus du même nom.
22. Rameaux cutanés latéraux du thorax.
23. Rameaux cutanés latéraux de l'abdomen.
24. Rameaux cutanés antérieurs du thorax.
25. Rameaux musculaires destinés au muscle droit et dont les rameaux cutanés antérieurs abdominaux perforent ce dit muscle pour arriver à la peau.
26. Nerf ilio-hypogastrique.
27. Nerf ilio-inguinal.
28. Nerf cutané fémoral externe.
29. Nerf obturateur.
30. Nerf crural.
31. Ganglion thoracique premier du nerf sympathique.
32. Ganglions thoraciques et lombaires du nerf sympathique.
33. Bifurcation du tronc sympathique en tronc carotique et tronc vertébral.
34. Communications des divers ganglions sympathiques entre eux.
35. Rameaux de communication du nerf sympathique et les racines
36. du nerf splanchnique grand.

Figure XXIX.

Nerfs lombaires dans leur trajet de la cavité de l'abdomen
et du bassin.

A. Aorte abdominale avec les troncs artériels coupés des intestins abdominaux.
B. Artère iliaque commune.
C. Artère iliaque interne.
D. Artère iliaque externe.
E. Artères lombaires.
F. Artères spermatiques.
G. Artère ilio-lombaire.
H. Artère circonflexe iliaque.
I. Artère épigastrique inférieure.
K. Veine iliaque externe.
L. Canal déférent.

M. Der abgeschnittene Ureter, welcher unter das in der Beckenhöhle erhaltene *Peritonaeum* tritt.

N. *Mesorectum*, welches das Rektum grösstentheils umhüllt.

  a. *Musculus rectus abdominis*, welcher einige Zoll entfernt von der Schamfuge von dem hintern Theil seiner Scheide belegt ist.

  b. *Musc. obliquus abdominis internus* wurde theilweise sichtbar nach Entfernung des

  c. *musc. transversus abdominis*.

  d. *Musc. iliacus internus*.

  e. *Musc. psoas major*.

  f. *Musc. psoas minor*.

  g. *Musc. quadratus lumborum*.

  h. Ursprungsstücke des Zwerchfelles.

  1. *Nervus intercostalis undecimus*.

  2. *Nerv. intercostalis duodecimus*, welcher zwischen dem *musc. transversus* und *obliquus internus abdominis* mit den benachbarten Nerven Anastomosen eingeht.

  3. *Nerv. iliohypogastricus*, welcher sich mit dem *nerv. ilioinguinalis* (4.) verbindet und den Muskeln Zweige ertheilt.

  4. *Nerv. ilioinguinalis* theilt sich vor dem *musc. quadratus lumborum* in zwei Zweige, von denen der eine nahe dem Darmbeinkamm durch die Muskeln tritt, der andere zwischen dem *musc. obliquus internus* und *transversus*, demselben Zweige ertheilend, seinem endlichen Bestimmungsorte zuläuft.

  5. *Nerv. spermaticus s. pudendus externus*, welcher aus dem sehr kurzen *nerv. genitocruralis* hervorgeht, und nach Abgabe eines Gefässzweiges mit der *arteria spermatica* und dem *vas deferens* in den Leistenkanal gelangt. In dieser Abbildung geht von demselben ein nicht constant vorkommender *ramus cutaneus* ab, welcher unter dem *ligamentum Poupartii* nach aussen zur Haut der *regio subinguinalis* gelangt.

  6. *Nerv. lumboinguinalis*, welcher den zweiten stärkeren Ast des *nerv. genitocruralis* darstellt, gelangt durch die *fossa iliaca* und den *annulus cruralis* zur Haut der *regio subinguinalis*.

  7. *Nerv. cruralis*, welcher in der *fossa iliaca*

  8. die *rami musculares* abgibt

  9. *Nerv. cutaneus femoris externus*.

  10. *Nerv. obturatorius*.

  11. *Rami musculares* für den *musc. quadratus lumborum*.

  12. *Ganglia lumbalia nervi sympathici*.

  13. *Rami communicantes nervi sympathici*.

  14. Die untern Lumbalnerven, welche nach abwärts zum *plexus sacralis* gelangen.

M. Urétère coupé qui passe sous le péritoine conservé dans la cavité pelvienne.

N. Mesorectum qui enveloppe en grande partie le rectum.

  a. Muscle droit de l'abdomen qui à quelque distance de la symphise est couvert de sa aponévrose postérieure.

  b. Muscle oblique interne de l'abdomen, devenu partiellement visible après l'ablation du

  c. muscle transverse de l'abdomen.

  d. Muscle iliaque interne.

  e. Muscle psoas grand.

  f. Muscle psoas petit.

  g. Muscle carré lombaire.

  h. Portions du diaphragme.

  1. Nerf intercostal onzième.

  2. Nerf intercostal douzième, formant des anastomoses avec les nerfs voisins entre le muscle transverse et l'oblique interne de l'abdomen.

  3. Nerf ilio-hypogastrique, s'anastomosant avec le nerf ilio-inguinal (4.) et fournissant des rameaux aux muscles.

  4. Nerf ilio-inguinal: Il se divise devant le muscle carré lombaire en deux branches, dont l'une pénètre les muscles près du pectiné; l'autre arrive à sa destination entre le muscle oblique interne et le transverse, en fournissant des rameaux à ces derniers.

  5. Nerf spermatique ou honteux externe, qui émerge du très court nerf génito-crural et, après avoir donné un rameau-vasculaire, se rend dans le canal inguinal avec l'artère spermatique et le canal déférent. La figure le représente avec un rameau cutané qui en sort par extraordinaire et qui se rend en dehors, au-dessous du ligament de Poupart, à la peau de la région sous-inguinale.

  6. Nerf lombo-inguinal qui, représentant le second rameau fort du nerf génito-crural, arrive par la cavité iliaque et l'anneau crural à la peau de la région sous-inguinale.

  7. Nerf crural qui fournit dans la cavité iliaque

  8. les rameaux musculaires.

  9. Nerf cutané fémoral externe.

  10. Nerf obturateur.

  11. Rameaux musculaires destinés au muscle carré lombaire.

  12. Ganglions lombaires du nerf sympathique.

  13. Rameaux de communication du nerf sympathique.

  14. Les nerfs lombaires inférieurs qui arrivent en descendant au plexus sacré.

Tafel 17.

Figura XXX.	**Figure XXX.**

Die Verzweigung des rechten plexus lumbalis bis zum Knie-gelenke herab dargestellt. — **Ramification du plexus droit lombaire représentée jusqu' à l'articulation du genou.**

a. Musculus quadratus lumborum.
b. Musc. iliacus internus aussen an die in der Nähe des Darmbein-kammes abgeschnittenen Bauchmuskeln grenzend.
c. Musc. psoas major; der den plexus lumbalis deckende Theil dieses Muskels ist von den Lendenwirbelkörpern an bis herab in die Gegend des horizontalen Schambeinastes entfernt.
d. Ramus horizontalis ossis pubis, aus welchem das über dem foramen obturatorium herausgesägte Stück entfernt ist.
e. Musculus sartorius nach aussen zurückgedrängt, so dass seine innere Fläche, in welche die Nervenzweige eintreten, theilweise sichtbar ist.
f. Musculus rectus femoris.
g. Musc. cruralis s. vastus medius, von welchem nur der innere obere Rand gesehen wird.
h. Musc. vastus internus.
i. Musc. gracilis.
k. Musc. adductor longus, welcher in der Nähe seines Ansatzes durch-schnitten und nach innen und oben zurückgeschlagen ist.
l. Musc. adductor brevis ebenfalls durchschnitten und nach innen zurückgeschlagen.
m. Musc. pectinaeus, dessen Ursprung mit dem herausgesägten Knochen-stück (d) entfernt wurde.
n. Musc. adductor magnus.
o. Musc. obturator externus.
1. Nervus ilio-hypogastricus.
2. Nerv. ilio-inguinalis.
3. Rami musculares, für den m. iliacus internus.
4. Nervus cruralis, welcher über dem ramus horizontalis ossis pubis (7) auf dem ilio-psoas aufliegend, in zahlreiche Aeste zerfällt.
5. Ein langer ramus muscularis für den musc. sartorius.
9. Ramus muscularis für den musc. rectus femoris.
10. Rami musculares für den musc. cruralis.
11. Rami musculares für den musc. vastus internus.
12. Zwei rami musculares für den musc. pectinaeus.
13. Nervus saphenus major.
14. Ramus articularis, welcher von dem nerv. tibialis abstammt.
15. Nerv. obturatorius e. cruralis internus, mit drei Wurzeln aus den 2—4 Nerven des plexus lumbalis hervorgehend.
16. Theilung des nerv. obturatorius in den ramus anterior und ram. posterior.
17. Rami musculares für den musc. adductor magnus.
18. Ramus muscularis für den musc. adductor longus.
19. Ramus muscularis für den musc. adductor brevis.
20. Der von dem ramus anterior des nerv. obturatorius nach abwärts laufende Zweig, welcher eine Verbindung mit dem nerv. saphenus major eingeht.

a. Muscle carré des lombes.
b. Muscle iliaque interne, contigu en dehors aux muscles abdominaux coupés près de la crête de l'os des îles.
c. Muscle psoas grand. La portion de ce muscle qui couvre le plexus lombaire, depuis les corps des vertèbres lombaires jusqu' en bas dans la région du rameau horizontal de l'os pubis, a été enlevée.
d. Rameau horizontal de l'os pubis, dont a été enlevée la portion sciée au-dessus du trou obturateur.
e. Muscle couturier, érigné en dehors pour faire voir sa partie sa face interne où pénètrent les rameaux nerveux.
f. Muscle droit fémoral.
g. Muscle crural ou vaste médian dont le bord supérieur interne est seul visible.
h. Vaste interne.
i. Muscle grêle.
k. Adducteur long, coupé près de son origine et érigné en dedans et en haut.
l. Adducteur court, également coupé et érigné en dedans.
m. Pectiné dont l'origine a été éloignée avec la portion de l'os sciée (d).
n. Adducteur grand.
o. Obturateur externe.
1. Nerf ilio-hypogastrique.
2. Nerf ilio-inguinal.
3. Rameaux musculaires pour l'iliaque interne.
4. Nerf crural qui, couché sur l'ilio-psoas, au-dessus du rameau hori-zontal de l'os pubis (7), se divise en nombreux rameaux.
5. Long rameau musculaire pour le couturier.
9. Rameau musculaire pour le muscle fémoral droit.
10. Rameaux musculaires pour le muscle crural.
11. Rameaux musculaires pour le vaste interne.
12. Deux rameaux musculaires pour le pectiné.
13. Nerf saphène grand.
14. Rameau articulaire qui vient du nerf tibial.
15. Nerf obturateur ou crural interne, naissant par trois racines des 2—4 nerfs du plexus lombaire.
16. Division du nerf obturateur en rameau antérieur et en rameau postérieur.
17. Rameaux musculaires pour le muscle adducteur grand.
18. Rameau musculaire pour le muscle adducteur long.
19. Rameau musculaire pour le muscle adducteur court.
20. Branche, prenant une direction descendante depuis le rameau antérieur du nerf obturateur et formant anastomose avec le nerf saphène grand.

Figura XXXI.	**Figure XXXI.**

Die Verzweigung des nervus peronaeus s. fibularis an der Streck-seite des Unterschenkels und Fusses dargestellt. — **Nerf péronier représenté dans sa ramification à la face antérieure du bas de la jambe et du pied.**

a. Musculus tibialis anticus.
b. Musc. extensor hallucis longus.
c. Musc. extensor digitorum commu-nis longus.
d. Musc. peronaeus tertius.
e. Musc. peronaeus longus.
f. Musc. peronaeus brevis.
g. Musc. extensor hallucis brevis.
h. Musc. extensor digitorum com-munis brevis.
1. Nervus peronaeus profundus, welcher unter dem durchschnittenen musc. dig. communis und peronaeus longus hin-durchtritt und vor dem ligamentum interosseum cruris nach abwärts gelangt.
2. Nerv. peronaeus superficialis.
3. Ramus muscularis superior für den musc. tibialis anticus.
4. Ramus muscularis inferior für den m. tibialis anticus.
5. Ramus muscularis für den musc. extensor hallucis longus.
6. Ramus muscularis für den musc. extensor digitorum communis longus.
7. Rami musculares superiores für den musc. peronaeus longus und extensor digitorum communis longus.
8. Rami musculares für die beiden musculi peronaei.
9. Nervus peronaeus profundus s. tibialis anticus.
10. Nerv. peronaeus superficialis, welcher sich in zwei Aeste theilt.
11. Nervus peronaeus profundus sich in den ramus internus und externus theilend.
12. Nervus cutaneus externus pedis, welcher Gelenkzweige abgibt und sich mit dem n. peronaeus superficialis verbindet.
13. Nervi digitales dorsales pedis, von denen die der zweiten Zehe bis zum Nagelgliede dargestellt sind.

a. Muscle tibial antérieur.
b. Muscle extenseur long du gros orteil.
c. Muscle extenseur commun long des orteils.
d. Muscle péronier troisième.
e. Muscle péronier long.
f. Muscle péronier court.
g. M. extenseur court du gros orteil.
h. Muscle extenseur commun court des orteils.
1. Nerf péronier profond qui passe au-dessous du muscle commun des orteils et du péronier long, coupés et érignés, pour (descendre) devant le ligament interosseux de la jambe.
2. Nerf péronier superficiel.
3. Rameau musculaire supérieur pour le muscle tibial antérieur.
4. Rameau musculaire inférieur pour le muscle tibial antérieur.
5. Rameau musculaire pour le muscle extenseur long du gros orteil.
6. Rameau musculaire pour le muscle extenseur des orteils commun long.
7. Rameaux musculaires supérieurs pour le muscle péronier long et l'extenseur des orteils commun long.
8. Rameaux musculaires pour les deux muscles péroniers.
9. Nerf péronier profond ou tibial antérieur.
10. Nerf péronier superficiel qui se divise en deux rameaux.
11. Nerf péronier profond qui se bifurque en deux rameaux, l'un interne, l'autre externe.
12. Nerf cutané pédieux externe qui fournit des rameaux articulaires et s'anastomose avec le nerf péronier superficiel.
13. Nerfs dorsaux des orteils, dont ceux du second orteil sont représentés jusqu' à la phalange unguéale.

Figura XXXVI.

Die Haut-, Muskel- und Gelenknerven an der Streckseite des Fusses dargestellt.

a. *Fascia cruris.*
b. *Musculus tibialis anticus.*
c. *Extensor hallucis longus.*
d. Die Sehnen des *extensor digitorum communis longus*, welche unter dem *ligamentum cruciatum* abgeschnitten sind.
e. *Musc. extensor hallucis brevis* durchschnitten und nach aussen zurückgedrängt.
f. *Musc. extensor digitorum communis brevis* durchschnitten und nach aussen zurückgedrängt.
g. *Musculi interossei externi.*

1. Die Endäste des aus der *fascia cruris* hervorgetretenen *nervus peronaeus superficialis.*
2. *Nervus cutaneus pedis dorsalis internus* und Wiedervereinigung zweier Aeste desselben.
3. *Nerv. cutaneus pedis dorsalis medius,* welcher eine Anastomose mit dem
4. *nervus cutaneus pedis dorsalis externus* (Endast des *nerv. suralis*) eingeht.
5. *Nerv. peronaeus profundus,* welcher sich in einen *ramus externus* und *internus* spaltet.
6. *Rami articulares* für die Fusswurzelgelenke.
7. *Ramus muscularis* für den *musc. extensor hallucis brevis.*
8. *Rami musculares* für den *musc. digitorum communis brevis.*
9. *Rami articulares* und *nervi interossei metatarsi.* Die letzteren gehen an die *articulationes tarso-metatarseae* Zweige, gelangen in die Zwischenknochenräume des Mittelfusses und verbinden sich bei (10) mit Zweigen, welche von der *planta pedis* nach aufwärts gehen. Die Zwischenknochennerven verästeln sich theils in der Beinhaut der Mittelfussknochen, theils gelangen sie (11) in zwei Zweige gespalten zu den einander zuschenden Flächen der Gelenkkapseln zwischen den Mittelfussknochen und den ersten Zehengliedern.
10. *Nervus interosseus primus,* welcher eine zweite Anastomose mit dem *ramus cutaneus superficialis* eingeht.
11. *Nerv. interosseus secundus,* der, wie der erste, schon in der Nähe der *bases metatarsi* sich in zwei Aeste, einen inneren und einen äusseren, theilt.
12. *Nerv. interosseus tertius,* der sich erst in der Nähe der *capitula metatarsi* in zwei Zweige spaltet.
13. *Nervus interosseus quartus.*
14. *Rami digitales dorsales.*
15. *Rami articulares dorsales* für die Gelenkkapsel des Grund- und Mittelgliedes der Zehe.
16. *Rami articulares dorsales* für die Gelenkkapsel des Mittel- und Endgliedes der Zehe.

Figura XXXVII.

Die tiefen Nerven der Fusssohle.

a. *Musc. abductor hallucis.*
b. *Musc. quadratus plantae* mit den abgeschnittenen Sehnen des *flexor digitorum communis longus.*
c. *Musc. abductor digiti minimi.*
d. *Musc. flexor digitorum communis brevis* durchschnitten und zurückgeschlagen, wodurch einzelne Nervenzweige etwas gedehnt wurden.
e. *Musc. adductor hallucis* theilweise entfernt.
f. *Musc. transversalis pedis.*
g. *Musc. flexor hallucis brevis.*
h. *Musculi interossei.*

1. *Nervus plantaris internus,* aus welchem bei (2 und 3) die vier *rami digitales plantares* für die grosse und zweite Zehe hervorgehen.
4. *Nerv. plantaris externus.*
5. *Ramus muscularis* für den *musculus abductor digiti minimi.*
6. *Ramus superficialis* des *nervus plantaris externus.*
7. *Ramus profundus* des *nervus plantaris externus,* welcher einen *ramus muscularis* für den *musc. quadratus plantae* abgibt.
8. *Rami musculares* für die *musculi interossei.*
9. *Rami musculares* für die *musculi interossei* und die beiden äusseren *musculi lumbricales.*
10. Ein zum *musculus transversalis pedis* und zur *articulatio metatarso-phalangea* gehender Zweig.
11. *Rami musculares.*
12. *Ramus muscularis* und *articularis.*
13. *Ramus perforans,* welcher in dem *spatium interosseum* nach aufwärts zum Fussrücken gelangt und sich mit dem *nervus interosseus* (S. Fig. XXXVI. 10) vereinigt. Auch rückwärts an der Zahl 10 befindet sich ein nach oben gegen den Fussrücken gelangender Zweig.
14. *Ramus articularis* für die Kapsel der *articulatio metatarso-phalangea hallucis.*
15. *Rami digitales plantares.*
16. Deren *rami articulares.*
17. Eine Gruppe von Vater'schen Körperchen an der unteren Fläche der Fusswurzelgelenke.

Figure XXXVI.

Nerfs cutanés, musculaires et articulaires de la face antérieure du pied.

a. Fascia de la jambe.
b. Muscle tibial antérieur.
c. Extenseur long du gros orteil.
d. Tendons de l'extenseur des orteils commun long, coupés au-dessous du ligament croisé.
e. Extenseur court du gros orteil, coupé et érigné en dehors.
f. Extenseur des orteils commun court, coupé et érigné en dehors.
g. Muscles interosseux externes.

1. Branches terminales du nerf péronier superficiel qui émerge de la fascia de la jambe.
2. Nerf cutané interne du dos du pied et anastomose de deux de ses rameaux.
3. Nerf cutané moyen du dos du pied, formant anastomose avec le
4. nerf cutané externe du dos du pied (branche terminale du nerf sural).
5. Nerf péronier profond qui se divise en rameau externe et rameau interne.
6. Rameaux articulaires pour les articulations du tarse.
7. Rameau musculaire pour l'extenseur court du gros orteil.
8. Rameaux musculaires pour le muscle commun court des orteils.
9. Rameaux articulaires et nerfs interosseux du métatarse. Ces derniers fournissent des rameaux aux articulations tarso-métatarsiennes, se rendent dans les espaces interosseux du métatarse et s'anastomosent près de (10), au moyen de rameaux qui, depuis la plante du pied, prennent une direction ascendante. Les nerfs interosseux se ramifient partie dans le périoste des os du métatarse, partie ils arrivent (11) divisés en deux rameaux aux deux surfaces correspondantes des ligaments capsulaires entre les os du métatarse et les premières phalanges des orteils.
10. Nerf interosseux premier, formant une seconde anastomose avec le nerf cutané superficiel.
11. Nerf interosseux second qui, comme le premier, se divise près des bases du métatarse ou deux rameaux, l'un interne et l'autre externe.
12. Nerf interosseux troisième qui se divise en deux rameaux près des capitula métatarsi.
13. Nerf interosseux quatrième.
14. Rameaux dorsaux des orteils.
15. Rameaux articulaires dorsaux pour les ligaments capsulaires de la première et de la seconde phalange.
16. Rameaux articulaires dorsaux pour les ligaments capsulaires de la seconde et de la troisième phalange.

Figure XXXVII.

Nerfs profonds de la plante du pied.

a. Muscle abducteur du gros orteil.
b. Muscle carré de la plante, avec les tendons coupés du fléchisseur des orteils commun long.
c. Muscle abducteur du petit orteil.
d. Muscle fléchisseur des orteils commun court coupé et érigné en dehors.
e. Muscle adducteur du gros orteil, enlevé en partie.
f. Muscle transverse du pied.
g. M. fléchisseur court du gros orteil.
h. Muscles interosseux.

1. Nerf plantaire interne, d'où émanent près de (2 et 3) les quatre rameaux plantaires digitaux pour le gros et le second orteil.
4. Nerf plantaire externe.
5. Rameau musculaire pour le muscle abducteur du petit orteil.
6. Rameau superficiel du nerf plantaire externe.
7. Rameau profond du nerf plantaire externe qui fournit un rameau musculaire pour le carré de la plante.
8. Rameaux musculaires pour les muscles interosseux.
9. Rameaux musculaires pour les muscles interosseux et pour les muscles lombricaux (3° et 4°).
10. Rameau qui se porte au muscle transverse du pied et à l'articulation métatarso-phalangienne.
11. Rameaux musculaires.
12. Rameaux musculaires et articulaires.
13. Rameau perforant qui se porte en haut dans l'espace interosseux jusqu'au dos du pied et s'anastomose au nerf interosseux (Voir Fig. XXXVI. 10). En arrière se trouve aussi sous le nombre 10 un rameau qui se porte en avant vers le dos du pied.
14. Rameau articulaire pour le ligament capsulaire de l'articulation métatarso-phalangienne du gros orteil.
15. Rameaux plantaires des orteils.
16. Leurs rameaux articulaires.
17. Groupe de corpuscules de Vater à la face inférieure des articulations du tarse.

Tafel 18.

Figura XXXIV.

Die Hautnerven der vordern Fläche der untern Extremität
ausserhalb der Muskelbinde dargestellt.

a. *Arteria cruralis* ist theilweise in der *fossa ovalis* sichtbar.
b. *Vena cruralis*, in welche die *vena saphena magna* (e.) einmündet.
c. *Arteria epigastrica superficialis.*
d. *Art. pudenda externa.*
e. *Vena saphena magna*, welche an dem innern Fussrande beginnt, in ihrem Verlauf nach aufwärts hinter den *condylus internus* tritt und durch die *fossa ovalis* gebend zur *vena cruralis* gelangt.
f. *Funiculus spermaticus aus dem anulus inguinalis externus* hervortretend.
g. Die *fascia lata* erscheint theilweise abgetragen, um den Durchtritt des *nervus cutaneus medius femoris* durch den *musculus sartorius* sehen zu können.
h. *Ligamentum transversum fasciae cruris.*
i. *Lig. cruciatum fasciae cruris.*
  1. *Nervus cutaneus externus femoris*, welcher unter der *spina anterior superior* die *fascia lata* perforirt und sich in der äussern Fläche des Oberschenkels bis zum Kniegelenk herab verbreitet.
  2. *Nerv. cutaneus medius femoris* durchbricht den *musc. sartorius* und verbreitet sich an der vordern Mitte längs des Oberschenkels bis zum Kniegelenk herab in der *Cutis.*
  3. *Nerv. cutaneus internus femoris* tritt in der Mitte des Oberschenkels durch die *fascia lata* und verbreitet sich in der Haut bis zum Kniegelenk herab.
  4. Endast des *nerv. lumboinguinalis*, welcher durch den obern Theil der *fossa ovalis* hervortritt und sich in der *regio subinguinalis* verbreitet.
  5. Endast des *nerv. ilioinguinalis.*
  6. Ein Zweig des *nerv. saphenus major*, welcher nahe über dem Kniegelenke die *fascia lata* durchbricht.
  7. *Nerv. saphenus major* tritt an der innern Seite des Kniegelenkes aus der Fascie hervor und folgt dem Verlaufe der *vena saphena magna* bis zum innern Fussrand, wo derselbe Anastomosen (9) mit dem *ramus cutaneus internus pedis* vom *nervus peronaeus* eingeht.
  8. Dessen *ramus cutaneus cruris interni.*
  9. Vergl. *sub 7.*
  10. *Rami cutanei cruris interni nervi fibularis.*
  11. Austrittstelle des *nervus peronaeus superficialis* aus der *fascia cruris* und dessen Theilung in den
  12. *ramus cutaneus medius dorsi pedis*, welcher einen Zweig vom
  13. *ramus cutaneus externus dorsi pedis nervi suralis* aufnimmt.
  14. *Nervus cutaneus internus pedis*, der sich in den *ramus dorsalis hallucis internus* fortsetzt.
  15. *Rami digitales dorsales pedis.*
  16. Endast des *nervus peronaeus profundus*, welcher Verbindungen mit dem *nervus peronaeus superficialis* eingeht und dann sich theilt in den
  17. *ramus digitalis dorsalis internus digiti secundi* und
  18. *ramus dorsalis externus hallucis.*

Figura XXXV.

Die Hautnerven der hintern Fläche der untern Extremität,
ausserhalb der Muskelbinde dargestellt.

a. *Vena saphena magna.*
b. *Vena saphena parva*, welche
c. durch Spaltung der *fascia poplitea* bis zur Einsenkungsstelle in die *fossa poplitea* sichtbar gemacht wurde.
d. *Fascia lata* wurde theilweise abgetragen, wodurch das
e. *caput longum musculi bicipitis femoris* und
f. der untere Rand des *musculus glutaeus magnus* freigelegt sind.
  1. *Nervi cutanei clunium superiores.*
  2. *Nerv. cutaneus externus femoris.*
  3. *Rami cutanei posteriores* der untern Lumbal- und obern Kreuzbeinnerven.
  4. *Rami cutanei perineales* vom *nerv. pudendus communis.*
  5. *Rami cutanei perineales* und
  6. *ramus scrotalis posterior* vom
  8. *nervus cutaneus femoris posterior.*
  7. Dessen *nervi cutanei clunium inferiores.*
  9. *Ramus cutaneus cruris posterior medius nervi fibularis.*
  9a. *Ramus cutaneus cruris externus nervi fibularis.*
  10. *Rami cutanei cruris interni nervi sapheni majoris.*

Figura XXXVIII.

Die Muskelnerven an der hintern Fläche der untern Extremität.

a. *Musculus glutaeus maximus* durchschnitten und zurückgeschlagen.
b. *Musc. glutaeus medius*, theilweise durchschnitten und zurückgeschlagen.
c. *Musc. glutaeus minimus.*

Figure XXXIV.

Les nerfs cutanés de la face antérieure de l'extrémité inférieure,
représentés en dehors de la fascia musculaire.

a. Artère crurale, partiellement visible dans l'excavation ovale.
b. Veine crurale où aboutit la veine saphène grande (e.).
c. Artère épigastrique superficielle.
d. Artère honteuse externe.
e. Veine saphène grande qui prend son origine au bord interne du pied, passe dans son trajet ascendant derrière le condyle interne et arrive par l'excavation ovale à la veine crurale.
f. Cordon spermatique, émanant de l'anneau inguinal externe.
g. La fascia lata apparaît partiellement pour mettre à découvert le passage du nerf cutané fémoral moyen à travers le nerf couturier.
h. Ligament transverse de le fascia crurale.
i. Ligament crucial de la fascia crurale.
  1. Nerf cutané fémoral externe qui perfore le fascia lata au-dessous de l'épine antérieure supérieure et se prolonge dans la face extérieure du haut de la cuisse jusqu'à l'articulation du genou.
  2. Nerf cutané fémoral moyen: il traverse le muscle couturier et se répand à la peau le long du haut de la cuisse jusqu'à l'articulation du genou.
  3. Nerf cutané fémoral interne qui, au milieu du haut de la cuisse, passe par la fascia lata et se perd dans la peau jusqu'à l'articulation du genou.
  4. Branche terminale du nerf lombo-inguinal, émanant de la partie supérieure de l'excavation ovale et se répand dans la région sous-inguinale.
  5. Branche terminale du nerf ilio-inguinal.
  6. Rameau du nerf saphène grand, perforant la fascia lata presque au-dessus de l'articulation du genou.
  7. Nerf saphène grand: il émane de la fascia au côté interne de l'articulation du genou et suit la veine saphène grande dans son trajet jusqu'au bord interne du pied où il forme des anastomoses (9.) avec le rameau cutané pédieux interne du nerf péronien.
  8. Ses rameaux cutanés cruraux internes.
  9. V. 7.
  10. Rameaux cutanés cruraux internes du nerf fibulaire.
  11. Point d'émergence du nerf péronien superficiel hors de la fascia crurale et sa division en
  12. rameau cutané moyen du dos du pied qui reçoit un rameau du
  13. rameau cutané externe du dos des pédieux du nerf sural sciatique poplité externe.
  14. Nerf cutané interne du pied qui se continue dans le rameau dorsal interne du gros orteil.
  15. Rameaux digitaux dorsaux du pied.
  16. Branche terminale du nerf péronien profond qui forme des anastomoses avec le nerf péronien superficiel et puis se divise en
  17. rameau digital dorsal interne du second orteil et
  18. rameau dorsal externe du gros orteil.

Figure XXXV.

Les nerfs cutanés de la face postérieure de l'extrémité inférieure,
représentés en dehors de la fascia musculaire.

a. Veine saphène grande.
b. Veine saphène petite, rendue visible par
c. la fente faite à la fascia poplitée jusqu'à son enfoncement dans le creux poplité.
d. Fascia lata, partiellement enlevée pour dégager
e. la portion longue du biceps fémoral et
f. le bord inférieur du muscle grand.
  1. Nerfs cutanés supérieur des fesses.
  2. Branches terminales du nerf cutané fémoral externe.
  3. Rameaux cutanés postérieurs des nerfs lombaires inférieurs et sacrés supérieurs.
  4. Rameaux cutanés périnéens du nerf honteux commun.
  5. Rameaux cutanés périnéens et
  6. rameau scrotal postérieur et
  8. nerf cutané fémoral postérieur.
  7. Ses nerfs cutanés inférieurs des fesses.
  9. Rameau cutané crural postérieur moyen du nerf péroné.
  9a. Rameau cutané crural externe du nerf péroné.
  10. Rameaux cutanés cruraux internes du nerf saphène grand.

Figure XXXVIII.

Nerfs musculaires de la face postérieure de l'extrémité inférieure.

a. Muscle fessier grand, coupé et renversé.
b. Muscle fessier moyen, en partie coupé et renversé.
c. Muscle fessier petit.

d. *Musc. pyriformis.*
e. *Musc. gemellus superior.*
f. *Musc. obturator internus,* welcher unter dem *ligamentum tuberoso-sacrum* (L.) aus der Beckenhöhle nach aussen tritt.
g. *Musc. gemellus inferior.*
h. *Musc. quadratus femoris.*
i. *Caput longum musculi bicipitis femoris,* durchschnitten u. zurückgeschlagen.
k. *Caput breve musculi bicipitis,* welches von dem langen Kopf grössten-theils gedeckt ist.
l. *Musc. semitendinosus.*
m. *Musc. semimembranosus.*
n. Hinterer Rand des *musc. gracilis.*
o. *Musc. adductor magnus femoris.*
p. *Musc. vastus externus.*
q. *Musc. plantaris.*
r. *Musc. gastrocnemius.*
s. *Musc. soleus.*
t. *Musc. peroneus longus.*
u. *Musc. peroneus brevis.*
v. *Musc. flexor digitorum communis longus.*
w. *Musc. tibialis posticus.*
x. *Musc. abductor hallucis.*
y. *Fascia plantaris.*
z. *Musc. abductor digiti minimi.*
A. *Arteria glutaea superior.*
B. *Arteria glutaea inferior s. ischiatica.*
C. *Art. pudenda communis.*
D. Ein starker *ramus musculeris* der *art. perforans prima.*
E. *Ramus muscularis* der *art. perforans tertia.*
F. *Art. poplitea,* an der die oberen *arteriae articulares* sichtbar sind.
G. *Vena poplitea,* abgeschnitten.
H. *Art. tibialis postica.*
I. Zweige der *art. plantaris interna.*
K. *Ligamentum tuberoso-sacrum.*
L. *Ligamentum spinoso-sacrum,* welches nur theilweise sichtbar ist.
  1. *Nervus glutaeus superior,* gemeinschaftlich mit der gleichnamigen Arterie über dem *musc. pyriformis* hervortretend.
  2. Dessen *rami musculares* für den *m. glutaeus medius.*
  3. Dessen *rami musculares* für den *m. glutaeus minimus.*
  4. *Ramus muscularis,* welcher durch den *musc. glutaeus minimus* durchtritt, um zum *musc. tensor fasciae latae* zu gelangen.
  5. *Nerv. glutaeus inferior s. ischiadicus,* welcher grösstentheils in den *glutaeus maximus* eintritt.
  6. *Nerv. cutaneus femoris posterior,* abgeschnitten. (S. Fig. XXXV. 8.)
  7. *Nerv. pudendus communis,* welcher mit der gleichnamigen Arterie sich um das *ligamentum spinoso-sacrum* herumschlingt, und unter dem *ligamentum tuberoso-sacrum* durchtretend, an der *regio perinaei* sichtbar wird.
  8. *Rami musculares* für die beiden *musculi gemelli,* den *obturator internus* und den *quadratus femoris.*
  9. *Rami articulares* für den hintern Theil der Hüftgelenkkapsel.
  10. *Nerv. ischiadicus,* welcher unter dem *musc. pyriformis* aus dem *foramen ischiadicum majus* hervortritt und mehrere Muskeln Zweige ertheilt (11.).
  12. *Ramus muscularis superior* für den *musc. biceps.*
  13. *Ramus muscularis superior* für den *musc. semitendinosus.*
  14. *Ram. muscularis inferior* für den letztgenannten Muskel.
  15. *Ram. muscularis inferior* für den langen Kopf des *musc. biceps.*
  16. *Ram. muscularis* für den kurzen Kopf des *musc. biceps.*
  17. *Rami musculares* (ein oberer und ein unterer) für den *musc. semimembranosus.*
  18. Kleine *rami musculares,* welche in die hintere Fläche des *musc. adductor magnus* eintreten.
  19. *Nervus tibialis.*
  20. *Nerv. peroneus s. fibularis.*
  21. *Rami articulares genu nervi tibialis.*
  22. *Rami articulares genu nervi peronei.*
  23. *Nervus gastrocnemii.*
  24. *Nerv. suralis s. saphenus inferior.*
  25. *Nervi cutanei cruris posteriores.*
  26. *Ramus muscularis* für den *musc. plantaris.*
  27. Anastomose zwischen dem *ramus cutaneus* und *nerv. suralis.*
  28. Anfangstheil des *nerv. cutaneus dorsi pedis externus.*
  29. *Nerv. tibialis,* welcher sich an der Stelle, wo die Nadel denselben emporgehalten hat, theilt in den
  31. *nerv. plantaris internus* und
  32. *nerv. plantaris externus.*
  30. *Rami cutanei calcanei interni.*
  33. *Rami cutanei plantares.*
  34. *Rami digitales plantares,* welche zwischen den auseinandertretenden Zipfeln der *fascia plantaris* hervortreten und als ziemlich starke Zweige in der Haut und den Gelenken der Zehen sich vertheilen.

d. Muscle pyramidal.
e. Muscle jumeau supérieur.
f. Muscle obturateur interne, sortant de la cavité pelvienne au-dessous du ligament tuberoso-sacré (L.).
g. Muscle jumeau inférieur.
h. Muscle carré fémoral.
i. Portion longue du muscle biceps fémoral, coupée et renversée.
k. Portion courte du muscle biceps, couverte en grande partie par la portion longue.
l. Muscle demi-tendineux.
m. Muscle demi-membraneux.
n. Bord postérieur du muscle grêle.
o. Muscle adducteur fémoral grand.
p. Muscle vaste externe.
q. Muscle plantaire.
r. Muscle gastrocnémien.
s. Muscle soléaire.
t. Muscle péronier long.
u. Muscle péronier court.
v. Fléchisseur commun long des orteils.
w. Muscle tibial postérieur.
x. Muscle abducteur du gros orteil.
y. Fascia plantaire.
z. Muscle abducteur du petit orteil.
A. Artère fessière supérieure.
B. Artère fessière inférieure ou ischiadique.
C. Artère honteuse commune.
D. Fort rameau musculaire de l'artère perforante première.
E. Rameau musculaire de l'artère perforante troisième.
F. Artère poplitée, de laquelle on peut voir les artères articulaires supérieures.
G. Veine poplitée, coupée.
H. Artère tibiale postérieure.
I. Rameaux de l'artère plantaire interne.
K. Ligament tuberoso-sacré.
L. Ligament spinoso-sacré, qui n'est visible qu'en partie.
  1. Nerf fessier supérieur, sortant, en commun avec l'artère du même nom, au dessus du muscle pyramidal.
  2. Ses rameaux musculaires destinés au muscle fessier moyen.
  3. Ses rameaux musculaires destinés au muscle fessier petit.
  4. Rameau musculaire qui passe par le muscle fessier petit pour arriver au muscle tenseur de la fascia lata.
  5. Nerf fessier inférieur ou ischiadique qui pénètre en grande partie dans le nerf fessier grand.
  6. Nerf cutané fémoral postérieur, coupé. (V. Fig. XXXV. 8.)
  7. Nerf honteux commun, qui, avec l'artère du même nom, s'enroule autour du ligament spinoso-sacré et, passant sous le ligament tuberoso-sacré, devient visible à la région périnéale.
  8. Rameaux musculaires destinés aux jumeaux, à l'obturateur interne et au carré crural.
  9. Rameaux articulaires destinés à la face postérieure de la capsule de l'articulation coxo-fémorale.
  10. Nerf ischiadique, émanant du trou ischiadique au-dessous du muscle pyramidal et fournissant des rameaux (11.) à plusieurs muscles.
  12. Rameau musculaire supérieur destiné à la portion longue du biceps.
  13. Rameau musculaire supérieur destiné au demi-tendineux.
  14. Rameau musculaire inférieur destiné encore à ce dernier muscle.
  15. Rameau musculaire inférieur destiné à la portion longue du biceps.
  16. Rameau musculaire pour la portion courte du biceps.
  17. Rameaux musculaires (un supérieur et un inférieur) destinés au demi-membraneux.
  18. Petits rameaux musculaires à leur entrée dans la face postérieure du muscle adducteur grand.
  19. Nerf tibial.
  20. Nerf péronier.
  21. Rameaux articulaires du genou du nerf tibial.
  22. Rameaux articulaires du genou du nerf péronier.
  23. Rameaux gastrocnémiens.
  24. Nerf saphène petit.
  25. Nerfs cutanés cruraux postérieurs.
  26. Rameau musculaire pour le muscle plantaire.
  27. Anastomose entre le rameau cutané et le nerf saphène petit.
  28. Portion postérieure du nerf cutané externe du dos du pied.
  29. Nerf tibial qui, à l'endroit où l'épingle l'a levé et soutenu, se divise en
  31. nerf plantaire interne et
  32. nerf plantaire externe.
  30. Rameaux cutanés calcanéens internes.
  33. Rameaux cutanés plantaires.
  34. Rameaux digitaux plantaires qui sortent entre les extrémités divergentes de la fascia plantaire et se distribuent en rameaux assez forts dans la peau et les articulations des orteils.

Tafel 19.

Figura XXXIX.
Die Muskelnerven der Beugeseite des Unterschenkels und Fusses.

a. Innerer Kopf des *musculus gastrocnemius* durchschnitten und zurückgeschlagen.
b. Aeusserer Kopf des *musculus gastrocnemius.*
c. *Musc. soleus* von der tibia losgetrennt und zurückgedrängt.
d. *Musc. popliteus.*
e. *Musc. flexor digitorum communis longus.*
f. *Musc. tibialis posticus.*
g. *Musc. flexor hallucis longus.*
h. *Musc. plantaris.*
i. *Musc. flexor digitorum communis brevis durchschnitten und zurückgeschlagen.*
k. *Musc. abductor hallucis.*
l. *Musc. flexor hallucis brevis.*

1. *Nervus saphenus major.*
2. *Nerv. tibialis posticus.*
3. *Nerv. fibularis.*
4. *Nerv. suralis abgeschnitten.*
5. *Rami gastrocnemii.*
6. *Ramus soleus.*
7. *Ramus muscularis für den musc. plantaris.*
8. *Ramus muscularis für den musc. popliteus.*
9. *Rami musculares für den musc. flexor digitorum communis longus.*
10. *Ramus musc. für den musc. flexor hallucis longus.*
11. *Ramus musc. für den musc. tibialis posticus.*
12. *Nervus interosseus cruris.*
12.¹ *Ramus muscularis, welcher an der vorderen Fläche des musc. soleus eintritt.*
13. *Ramus articularis für die hintere Fläche des Sprunggelenks.* (Keine normale Anordnung.)
14. *Nerv. plantaris internus.*
15. *Nerv. plantaris externus.* Die Theilung der n. tibialis posticus in die beiden nervi plantares findet selten so hoch oben statt.
16. *Rami calcanei interni.*
17. *Ramus muscularis für den m. flexor digit. communis brevis.*
18. *Ramus musc. für den m. abductor hallucis und ein schwacher ramus articularis.*
19. *Ramus musc. für den m. flexor hallucis brevis und ram. articularis.*

20. *Rami musculares für den flexor digiti minimi.*
21. *Nervi digitales plantares communes.*
22. *Nervi digitales plantares für die Seitenränder der Zehen.*

Figure XXXIX.
Nerfs musculaires de la face postérieure du bas de la jambe et du pied.

a. Tête interne du muscle jumeau, coupé et érigné.
b. Tête externe du muscle jumeau.
c. Muscle soléaire détaché du tibia et érigné.
d. Muscle poplité.
e. Muscle fléchisseur commun long des orteils.
f. Muscle tibial postérieur.
g. Fléchisseur long du gros orteil.
h. Muscle plantaire.
i. Fléchisseur commun court des orteils, coupé et érigné.
k. Abducteur du gros orteil.
l. Fléchisseur court du gros orteil.

1. Nerf saphène grand.
2. Nerf tibial postérieur.
3. Nerf péronier.
4. Nerf sural coupé.
5. Rameaux gastrocnémiens ou jumeaux.
6. Rameau soléaire.
7. Rameau musculaire pour le muscle plantaire.
8. Rameau musculaire pour le muscle poplité.
9. Rameaux musculaires pour le fléchisseur commun long des orteils.
10. Rameau musculaire pour le fléchisseur long du gros orteil.
11. Rameau musculaire pour le muscle tibial postérieur.
12. Nerf interosseux crural.
12¹. Rameau musculaire qui pénètre dans la face antérieure du soléaire.
13. Rameau articulaire pour la face postérieure de l'articulation du pied.
14. Nerf plantaire interne.
15. Nerf plantaire externe. La division du nerf tibial postérieur en nerfs plantaires interne et externe a rarement lieu si haut.
16. Rameaux calcanéens internes.
17. Rameau musculaire pour le fléchisseur commun court des orteils.
18. Rameau musculaire pour l'abducteur du gros orteil et un ramuscule articulaire.
19. Rameau musculaire pour le fléchisseur court du gros orteil et un rameau articulaire.
20. Rameaux musculaires pour le fléchisseur du petit orteil.
21. Nerfs plantaires communs des orteils.
22. Nerfs plantaires des orteils pour les bords latéraux des cinq derniers.

Figura XXXXIII.
Die Hals- und Herznerven.

A. Der untere Theil der *glandula parotis.*
B. *Glandula submaxillaris.*
C. *Carotis interna.*
D. *Carotis externa.*
E. *Carotis communis.*
F. *Truncus anonymus.*
G. *Arteria subclavia.*
H. Durchschnittenes und zurückgedrängtes Schlüsselbein.
J. Durchschnitt des *manubrium sterni.*
K. *Radix pulmonis.*
L. *Vena cava superior.*
M. Rechte Herzhälfte.
N. Rechtes Hertsohr.
O. *Aorta ascendens.*
P. *Ramus dexter der arteria pulmonalis.*
Q. *Trachea.*
R. *Vena anonyma sinistra.*

a. *Musculus sternocleido-mastoideus* nach aussen zurückgedrängt.
b. Hinterer Bauch des *m. digastricus.*
c. *Musc. stylohyoideus.*
d. Vorderer Bauch des *musc. digastricus.*
e. *Musc. thyreo-hyoideus.*
f. *M. omo-hyoideus.*
g. *M. sterno-hyoideus.*
h.h. *M. sterno-thyreoideus.*
i. *M. scalenus anticus.*
k. *M. scalenus medius und posticus.*
l. *M. levator anguli scapulae.*
m. *M. cucullaris.*
n. *M. serratus anticus major.*
o. Diaphragma.

1. *Nervus cervicalis secundus,* welcher einen ansehnlichen Ast nach abwärts schickt, der sich mit dem *ramus descendens nervi hypoglossi* vereinigt.
2. *Nervus cervicalis tertius* gibt nach rückwärts (24) den *nerv. auric. magnus* ab, bildet mit dem ersten Halsnerv eine Schlinge und verbindet sich mit dem *nerv. accessorius Willisii.*
3. *Nervus cervicalis quartus,* welcher die obere Wurzel des *nerv. phrenicus* (11) abgibt.

Figure XXXXIII.
Nerfs cervicaux et cardiaques.

A. Portion inférieure de la glande parotide.
B. Glande sous-maxillaire.
C. Carotide interne.
D. Carotide externe.
E. Carotide commune.
F. Tronc anonyme.
G. Artère sous-clavière.
H. Clavicule coupée et érignée en arrière.
J. Coupe de l'anse du sternum.
K. Racine du poumon.
L. Veine cave supérieure.
M. Moitié droite du coeur.
N. Oreillette droite du coeur.
O. Aorte ascendante.
P. Rameau droit de l'artère pulmonaire.
Q. Trachée.
R. Veine anonyme gauche.

a. Muscle sterno-cléido-mastoïdien, érigné en dehors.
b. Ventre postérieur du muscle digastrique.
c. Muscle stylo-hyoïdien.
d. Ventre antérieur du digastrique.
e. Muscle thyréo-hyoïdien.
f. Muscle omo-hyoïdien.
g. Muscle sterno-hyoïdien.
h. Muscle sterno-thyroïdien.
i. M. scalène antérieur.
k. M. scalène moyen et postérieur.
l. M. angulaire de l'omoplate.
m. Muscle trapèze.
n. M. grand dentelé antérieur.
o. Diaphragme.

1. Nerf cervical second, qui fournit un fort rameau vers le bas, et anastomose de ce rameau avec le rameau descendant du nerf hypoglosse.
2. Nerf cervical troisième. Il donne en arrière (24) le nerf auriculaire grand, forme un noeud avec le premier nerf cervical et s'anastomose avec le nerf accessoire de Willis.
3. Nerf cervical quatrième, qui fournit sa nerf phrénique (11) sa racine supérieure.

4. *Nerv. cervicalis quintus* gibt die zweite schwächere Wurzel zum *nerv. phrenicus* ab und bildet eine Schlinge mit dem
5. *nerv. cervicalis sextus*, welcher sich mit dem
6. *nerv. cervicalis septimus* und dem
7. *nervus cervicalis octavus* und dieser mit dem *nerv. thoracicus primus*, zum *plexus cervicalis inferior* (8—9) s. *brachialis* vereinigt.
8. *Nerv. suprascapularis* (S. Fig. XXIII. 1—4).
9. *Nerv. respiratorius externus* s. *thoracicus posterior* entsteht mit zwei Wurzeln aus dem fünften und sechsten Halsnerv, zieht hinter dem achten und der *arteria subclavia* nach abwärts zur Aussenfläche des
10. *musc. serratus anticus major*, in dessen Zacken die einzelnen Zweige gelangen.
11. *Nerv. phrenicus* s. *diaphragmaticus* mit zwei Wurzeln aus dem fünften und sechsten Halsnerven hervorgehend, gelangt vor dem *musc. scalenus anticus*, zumen an dem *truncus thyreo-cervicalis*, in die Brusthöhle und gibt
12. einen Zweig zu dem *plexus mammarius*, aus welchem höher oben
13. zwei Fäden hervorgehen, die sich wieder zum *nervus phrenicus* begeben.
14. *Ramus cervicalis*, welcher mit drei Wurzeln aus dem dritten und vierten Halsnerv hervorgeht, bildet mit dem *ramus descendens nervi hypoglossi* (30) die anse *nervi hypoglossi*, die einen accessorischen zweiten Zweig (28) aus dem *nervus cervicalis secundus* (1) aufnimmt und eine ansehnlichen Zweig vor der *art. subclavia* und der *vena anonyma sinistra* in die Brusthöhle schickt, der sich neben der *vena cava superior* (L. 14) mit dem *nerv. phrenicus* vereinigt.
15. *Rami pericardiaci* des Phrenicus.
16. Die getheilt in das Zwerchfell eintretenden Aeste des Phrenicus.
17. *Nervus vagus*, welcher an der Seite der *carotis* nach abwärts läuft und
18. zwei *rami cardiaci* abgibt.
19. *Nervus laryngeus inferior* s. *recurrens*, welcher sich um die *art. subclavia* herumschlingt und an seinem Ursprunge einige *rami cardiaci* absendet.
20. *Rami cardiaci*, welche sich mit den Herznerven des Sympathikus vereinigen und vor der Luftröhre, dieser Zweige ertheilend, zur *aorta ascendens* und dem Herzen gelangen.
21. *Nervi pulmonales anteriores* bilden im Verein mit sympathischen Zweigen einen schwach entwickelten *plexus pulmonalis anterior*.
22. *Nervus accessorius Willisii* ist durch das Hervorziehen des Kopfnickers gedehnt und nach aussen gekrümmt. Das den Nervenstamm innen deckende Muskelbündel des Kopfnickers wurde abgetragen, wofürch die in den Kopfnicker gehenden Zweige und
23. die Anastomose mit dem *nerv. cervicalis secundus*, welche in dem Muskel gelegen ist, sichtbar wurden.
24. *Nervus auricularis magnus*, welcher eine Anastomose mit dem *nerv. accessorius Willisii* bildet.
25. Ein Zweig des *nerv. cervicalis secundus* geht, wie sub. 24, zum *nerv. accessorius W.*
26. *Nervus hypoglossus* gibt den
27. *ramus thyreo-hyoideus* zum gleichnamigen Muskel.
28. *Ramus cervicalis*, welcher sich mit dem *ramus descendens nerv. hypoglossi* vereinigt.
29. *Nervus cervicalis* mit drei Wurzeln entspringend, vereinigt sich mit seinem schwächeren Zweige mit dem *ramus descendens nervi hypoglossi*, die anse *nervi hypoglossi* bildend, und mit seinem stärkeren Zweige mit dem *nerv. phrenicus*.
30. *Ramus descendens nervi hypoglossi*.
31. *Anse nervi hypoglossi*.
32. *Ramus cervicalis*, welcher nach der Brusthöhle gelangt und sich mit dem *nervus phrenicus* verbindet.
33. *Ramus muscularis* für den *musc. sterno-thyreoideus*.
34. *Ramus muscularis* für den vorderen Bauch des *musc. omohyoideus*.
35. *Ramus musc.* für den hinteren Bauch des *musc. omohyoideus*.
36. *Rami musculares*, welche in den unteren Theil des *musc. sterno-thyreoideus* gelangen.
37. Ein von dem *ramus descendens nervi hypoglossi* zum *plexus cardiacus* gelangender Zweig.
38. *Ganglion cervicale medium nervi sympathici*, welches Zweige (*rami communicantes*) aus dem *nervus cervicalis quartus* aufnimmt und *nervi cardiaci* absendet.
39. *Nervi cardiaci*, welche vom *ganglion cervicale inferius nervi sympathici* ausgehen.
40. *Nervi cardiaci*, welche vom *vagus* und *sympathicus* abstammen.
41. *Plexus aorticus*.
42. *Nervi aortici*.
43. Die von der hinteren Fläche der *Aorta* nach vorn gelangenden *nervi cardiaci*.
48. *Nervi cardiaci anteriores*, welche der Verzweigung der *arteria coronaria cordis sinistra* folgen. Der geschlängelte Verlauf der Nervenzweige ging in Folge der Präparation theilweise verloren.

4. Nerf cervical cinquième. Il donne au nerf phrénique la seconde faible racine et forme un noeud avec le
5. nerf cervical sixième. Il s'anastomose avec
6. le nerf cervical septième et
7. le nerf cervical huitième et celui-ci avec le nerf thoracique premier se réunit au plexus cervical inférieur (8—9) ou brachial.
8. Nerf sus-scapulaire (Voir Fig. XXIII 1—4).
9. Nerf respiratoire externe ou thoracique postérieur. Il émane par deux racines des nerfs cervicaux cinquième et sixième, se porte en bas derrière le huitième et l'artère sous-clavière à la face extérieure du
10. grand dentelé antérieur, entre les dents duquel arrivent divers rameaux.
11. Nerf phrénique ou diaphragmatique. Émanant par deux racines du cinquième et du sixième nerf cervical, il arrive dans le thorax en passant devant le muscle scalène antérieur -et en dehors près du tronc thyréo-cervical et fournit
12. un rameau au plexus mammaire d'où émanent plus haut
13. deux filets qui se portent de nouveau au nerf phrénique.
14. Rameau cervical qui, émanant par trois racines du troisième et du quatrième nerf cervical, forme avec le rameau descendant du .nerf hypoglosse (30) l'anse de ce dernier. Cette anse reçoit de nerf cervical second (1) un second rameau accessoire (28) et envoie un fort rameau dans la cavité de la poitrine, lequel passe devant l'artère sous-clavière et la veine anonyme gauche et s'anastomose avec le nerf phrénique près de la veine cave supérieure.
15. Rameaux péricardiaques du phrénique.
16. Rameaux du phrénique qui pénétrant divisés dans le diaphragme.
17. Nerf vague qui, en longeant la carotide, se porte vers le bas et fournit
18. deux rameaux cardiaques.
19. Nerf laryngé inférieur ou récurrent qui contourne l'artère sous-clavière et, à son origine, envoie quelques rameaux cardiaques.
20. Rameaux cardiaques -qui s'anastomosent avec les nerfs cardiaques du sympathique. Ils fournissent des rameaux à la trachée-artère et devant celle-ci ils se portent à l'aorte ascendante et au coeur.
21. Nerfs pulmonaires antérieurs, formant avec les rameaux sympathiques un plexus pulmonaire antérieur faiblement développé.
22. Nerf accessoire de Willis, distendu et replié en dehors par l'extraction du muscle sterno-cléido-mastoïdien. Le faisceau musculaire qui recouvre en dedans le tronc nerveux a été enlevé, ce qui a rendu visibles les rameaux, qui se portent dans le sterno-cléido-mastoïdien, et
23. l'anastomose avec le nerf cervical second formée dans le muscle.
24. Nerf auriculaire grand, formant anastomose avec le nerf accessoire de Willis.
25. Rameau du nerf cervical second qui se porte, comme le nerf précédent 24, au nerf accessoire de Willis.
26. Nerf hypoglosse qui envoie le
27. rameau thyréo-hyotdien au muscle de même nom.
28. Rameau cervical qui s'anastomose avec le rameau descendant du nerf hypoglosse.
29. Nerf cervical qui, émanant avec trois racines, s'anastomose par son rameau faible avec le rameau descendant du nerf hypoglosse, formant l'anse du nerf hypoglosse, et, par son rameau fort, avec le nerf phrénique.
30. Rameau descendant du nerf hypoglosse.
31. Anse du nerf hypoglosse.
32. Rameau cervical qui se porte à la cavité de la poitrine et s'anastomose avec le nerf phrénique.
33. Rameau musculaire pour le muscle sterno-thyroïdien.
34. Rameau musculaire pour le ventre antérieur du muscle omo-hyoïdien.
35. Rameau musculaire pour le ventre postérieur du même muscle.
36. Rameaux musculaires qui arriveret à la portion inférieure du muscle sterno-thyroïdien.
37. Rameau qui se porte du rameau descendant du nerf hypoglosse au plexus cardiaque.
38. Ganglion cervical médian du nerf sympathique, qui reçoit des rameaux de communication du nerf cervical quatrième et envoie des nerfs cardiaques.
39. Nerfs cardiaques qui émanent du ganglion cervical inférieur du nerf sympathique.
40. Nerfs cardiaques, émanant du vague et du sympathique.
41. Plexus aortique.
42. Nerfs cardiaques qui de la face postérieure de l'aorte se portent en avant.
43. Nerfs cardiaques antérieurs qui suivent la ramification de l'artère coronaire gauche du coeur. Les sinuosités du trajet des rameaux -nerveux ont en partie disparu par suite de la préparation.

Tafel 20.

Figura XXXX.
Die Nerven in der Tiefe der Hohlhand dargestellt.

1. Nervus medianus nach der Radialseite zurückgeschlagen.
2. (links im Bilde) Nerv. ulnaris.
2. (rechts im Bilde) Musculus abductor pollicis brevis, welcher einen Zweig vom nerv. medianus erhält.
3. Ausserer Kopf des musc. flexor pollicis brevis, welcher vom ramus profundus nervi ulnaris einen Zweig erhält.
4. (links) Ramus superficialis nervi ulnaris.
4. (rechts) Musc. adductor pollicis mit den Nervenzweigen vom ramus profundus nervi ulnaris.
5. 5. Rami articulares für den Bandapparat an der volaren Seite des Carpus.
6. Nervi articulares für die Beugeseite der Bänder an dem Metacarpophalangealgelenk.
7. Rami musculares für den musc. interosseus externus primus.
7. (links) Ramus perforans, welcher, wie die übrigen, zwischen den Basaltheilen der Mittelhandknochen nach dem Handrücken gelangt.
8. Ramus articularis.
9. Rami musculares für die musculi interossei.
10. Rami musculares für die zwei musculi lumbricales des Ring- und kleinen Fingers. Die beiden musc. lumbricales am Zeige- und Mittelfinger erhalten ihre Zweige vom nerv. medianus.
11. Nervi articulares für die Metacarpo-phalangealgelenke.
12. Nervi articulares für das erste Fingergelenk.
13. Nervi articulares für das zweite Fingergelenk.

Figura XXXXI.
Die Nerven an der Streckseite der rechten Hand.

1. Ramus dorsalis nervi radialis.
2. Ramus dorsalis nervi ulnaris.
3. Die zu den Fingerrücken gelangenden Aeste.
4. Ramus dorsalis pollicis mit einem ramus articularis.
5. Ramus articularis für das Carpo-metacarpalgelenk des Daumens.
6. Musculi interossei externi.
7. Nervus interosseus externus antibrachii, welcher sich auf dem Handrücken bis zu den capitula der Mittelhandknochen ausbreitet.
8. Nervi articulares für die dorsalen Bänder der Carpalgelenke.
9. Nervi interossei dorsales geben
10. an die Carpo-metacarpalgelenke feine Zweige.
11. und 12. Vereinigung der nervi interossei dorsales mit den rami perforantes des tiefen Astes vom ulnaris der Hohlhand.
13. Die bis zu den Metacarpo-phalangealgelenken gehenden Zweige der Zwischenknochennerven.
14. Nervus interosseus musc.
15. Verbindung der Zwischenknochennerven mit den nervi digitales dorsales.
16. Rami articulares für die Kapseln der Metacarpo-phalangealgelenke.

Figura XXXXII.
Nervus vagus und sympathicus der rechten Seite an einem männlichen Körper dargestellt.

Um diese Abbildung nicht zu sehr durch das Anbringen von Buchstaben und Zahlen zu beeinträchtigen, sind Knochen, Muskeln, Gefässe und Eingeweide nicht speciell bezeichnet; dieselben finden bei Beschreibung der Nerven Berücksichtigung.

1. Nervus opticus geht in der Seite der Grosshirnschenkel hervor und wird in seinem Verlaufe nach der Augenhöhle durch die gekrümmt zum Gehirn emporsteigende carotis cerebralis gedeckt. In der Augenhöhle ist an seiner lateralen Seite das ganglion ciliare gelagert.
2. Nervus oculomotorius erscheint, etwas gedeckt von einem Arterienzweig, an der vorderen inneren Seite des Grosshirnschenkels. Derselbe theilt sich in dem hinteren Abschnitt der Augenhöhle in den
3. ramus inferior und superior für die Augenmuskeln.
4. Ganglion ciliare mit der von dem nervus oculomotorius ausgehenden kurzen dicken Wurzel.
5. Nervus trochlearis gelangt zwischen Kleinhirn und Vierhügel nach der Seite und vorn und geht gedeckt von Muskeln und andern Nerven zum musc. obliquus oculi superior.
6. Nervus abducens zieht sich in leichtem Bogen über die kantige Spitze der pars petrosa, um an der lateralen Seite der carotis cerebralis sympathische Verbindungen einzugehen und sich in dem musc. rectus oculi externus zu verbreiten.
7. Ramus primus nervi trigemini abgeschnitten. Zwischen der Zahl 6 und 15 befindet sich in gleichweiter Entfernung die Wurzel des durchschnittenen trigeminus.

Figure XXXX.
Nerfs du creux de la main.

1. Nerf médian, replié vers la face radial.
2. A gauche: nerf cubital.
2. A droite: muscle abducteur court du pouce qui reçoit un rameau du nerf médian.
3. Tête extérieure du muscle fléchisseur court du pouce qui reçoit une branche du rameau profond du nerf cubital.
4. A gauche: rameau superficiel du nerf cubital.
4. A droite: muscle adducteur du pouce avec les rameaux musculaires du rameau profond du nerf cubital.
5. 5. Rameaux articulaires pour les ligaments de la face palmaire du carpe.
6. Nerfs articulaires pour un côté des ligaments de l'articulation métacarpo-phalangienne.
7. Rameaux musculaires pour le muscle interosseux externe premier.
7. A gauche: Rameau perforant qui, de même que les autres, arrive au dos de la main entre, les parties basilaires des os métacarpiens.
8. Rameau articulaire.
9. Rameaux musculaires pour les muscles interosseux.
10. Rameaux musculaires pour les deux muscles lombricaux de l'annulaire et du petit doigt. Les deux muscles lombricaux de l'index et du médius reçoivent leurs rameaux du nerf médian.
11. Rameaux articulaires pour les articulations métacarpo-phalangiennes.
12. Nerfs articulaires pour la première articulation du doigt.
13. Nerfs articulaires pour la seconde articulation.

Figure XXXXI.
Nerfs de la face dorsale de la main droite.

1. Rameau dorsal du nerf radial.
2. Rameau dorsal du nerf cubital.
3. Rameaux qui arrivent au dos des doigts.
4. Rameau dorsal du pouce avec un rameau articulaire.
5. Rameau articulaire pour l'articulation carpo-métacarpienne du pouce.
6. Muscles interosseux externes.
7. Nerf interosseux externe de l'avant-bras qui s'étend sur le dos de la main jusqu'aux petites têtes des os métacarpiens.
8. Nerfs articulaires pour les ligaments dorsaux des articulations carpiennes.
9. Les nerfs interosseux dorsaux que fournissent
10. de fins rameaux aux articulations carpo-métacarpiennes.
11. et 12. Anastomoses des nerfs interosseux dorsaux avec les rameaux perforants de la branche profonde du cubital du creux de la main.
13. Rameaux des nerfs interosseux qui vont jusqu'aux articulations métacarpo-phalangiennes.
14. Nerf interosseux premier.
15. Anastomose des nerfs interosseux avec les nerfs digitaux dorsaux.
16. Rameaux articulaires pour les capsules des articulations métacarpophalangiennes.

Figure XXXXII.
Nerf vague et sympathique du côté droit, pris d'un corps d'homme.

Pour ne pas embrouiller cette figure par l'emploi de lettres et de chiffres, les os, les muscles, les vaisseaux et les intestins n'ont pas été désignés spécialement. Toutes ces parties diverses seront mentionnées lors de la description des nerfs.

1. Nerf optique, émanant à la face du pédoncule cérébral et couvert dans son parcours jusqu'à l'orbite par la carotide cérébrale qui s'élève en se courbant jusqu'au cerveau. Dans l'orbite, sur sa face latérale, gît le ganglion ciliaire.
2. Nerf moteur oculaire qui apparaît un peu couvert par un rameau artériel à la face antérieure interne du pédoncule cérébral. Il se divise dans la partie postérieure de l'orbite en
3. rameau inférieur et rameau supérieur pour les muscles oculaires.
4. Ganglion ciliaire avec la courte et la grosse racine qui émerge du nerf moteur oculaire.
5. Nerf trochléateur qui marche du côté et en avant, entre le cervelet et les quadrijumeaux et arrive, couvert de muscles et d'autres nerfs, au muscle oblique supérieur de l'œil.
6. Nerf abducteur qui s'étend avec une légère sinuosité par-dessus le sommet anguleux de l'os pétreux pour former des anastomoses sympathiques à la face latérale de la carotide cérébrale et se ramifier dans le muscle droit externe de l'œil.
7. Rameau premier du nerf trijumeau, coupé. Entre 6 et 15 se trouve à égale distance la racine du trijumeau coupé.

8. Radix longa ad ganglion ciliare.

9. Die sympathische Wurzel für das *ganglion ciliare.* Aus dem Augenknoten gehen die *nervi ciliares* hervor, welche in der Umgebung des *nervus opticus* zum *bulbus* gelangen.

10. *Ramus secundus nervi trigemini* nach seinem Austritt aus dem *foramen rotundum* abgeschnitten.

11. *Ganglion sphenopalatinum* mit dem aus ihm hervorgehenden

12. *nerv. alveolaris superior posterior.* Hinter diesem gelangt ein *ramus maxillaris externus* zum Zahnfleisch des Oberkiefers und die *nervi palatini descendentes* in dem *canalis pterygo-palatinus* zum Gaumen.

13. *Nervus infraorbitalis.*

14. *Nervus Vidianus,* welcher mit seinem oberen Ast, dem *nerv. petrosus superficialis major,* zum

15. *nervus facialis* gelangt.

16. *Nervus petrosus profundus major* (der untere Zweig des *nervus Vidianus*) muss als Fortsetzung des sympathischen Grenzstranges angesehen werden, welcher zum *ganglion sphéno-palatinum,* einem sympathischen Ganglion, gelangt.

17. *Ramus tertius nervi trigemini* läuft an der Seitenfläche des Pharynx und der Zunge bogenförmig nach unten und vorn.

18. Ueber der *glandula submaxillaris* befindet sich an dem *ramus lingualis nervi trigemini* das *ganglion sublinguale,* welches nicht nur mit dem *nerv. trigeminus,* sondern auch mit dem Sympathicus, der die Arterien plexusartig begleitet, in Verbindung steht.

19. Diese Zahl ist auf der Mitte der Untersungendrüse angebracht und nach den sympathischen Fäden, welche zum Ganglion treten, punktirt.

20. *Nervus facialis* und *acusticus.*

21. *Nervus glossopharyngeus.*

22. *Ganglion petrosum nervi glossopharyngei* mit dem gerade nach aufwärts (gegen die Zahl 24) gehenden *nervus tympanicus s. ramus Jacobsonii.*

23. *Nervi petrosi profundi minores.* Zwei Zweige, welche von dem *plexus caroticus* in die Paukenhöhle zum *plexus tympanicus* gelangen.

24. *Nervus petrosus superficialis minor,* welcher in den Plexus der Paukenhöhle eintritt, cruchelnd abgeschnitten. Die nach hinten und oben gehenden Zweige treten sowohl oben als unten aus der Anastomose hervor und gelangen zum ovalen und runden Fenster.

25. *Rami pharyngei nervi glossopharyngei* an der Seite des oberen Schlundkopfschnürers sich verbreitend.

26. *Ramus lingualis nervi glossopharyngei.*

27. Die Ursprungswurzeln des *nervus vagus,* welche etwas nach aufwärts ziehen und im *foramen jugulare* in

28. das *ganglion jugulare nervi vagi* übergehen.

29. Anastomose des Vagus mit dem *nervus accessorius Willisii.* Vom Accessorius gehen Fäden zum Vagus und umgekehrt.

30. *Nervus accessorius Willisii* geht an den zurückgeschlagenen Kopfnicker vorbei und verdnigt sich mit den *nervi cervicales superiores.*

31. *Plexus nodalos s. gangli"formis nervi vagi,* über welchen der *nerv. hypoglossus* nach unten und innen zieht.

32. Anastomose des *nervus vagus* mit dem Sympathicus.

33. *Nervus laryngeus superior nervi vagi,* welcher Fäden zum *plexus pharyngeus* schickt und sympathische Zweige in sich aufnimmt.

34. *Ramus cardiacus superior nervi vagi,* welcher während seines Verlaufes an dem Halse sympathische Zweige zur Verstärkung erhält.

35. *Ramus cardiacus medius nervi vagi.*

36. *Nervus laryngeus inferior s. ramus recurrens nervi vagi* schlingt sich um die *art. subclavia* nach aufwärts.

37. *Rami cardiaci inferiores* vom Vagus und Sympathicus.

38. Die vom Vagus ausgehenden Zweige, welche an die vordere Seite der rechten Lungenwurzel gelangen und an dem sympathischen Nerven den *plexus pulmonalis anterior* darstellen.

39. *Plexus pulmonalis posterior.*

40. *Rami tracheales s. oesophagei.*

41. Sympathische Zweige, welche aus dem Brusttheil des Grenzstranges hervorgehen und sich mit dem *plexus pulmonalis* vereinigen.

42. Der rechte Vagus gelangt unter der Lungenwurzel zur Speiseröhre, vereinigt sich mit starken Zweigen

43. des linken Vagus und bildet den *plexus oesophageus.* Der weitere Verlauf des Vagus mit der Speiseröhre durch das *foramen oesophageum* zum Magen konnte an dieser Abbildung ohne Beeinträchtigung der Nervenplexus des *tractus intestinalis* nicht dargestellt werden.

44. *Nervus hypoglossus* tritt unter dem neunten, zehnten und elften Gehirnnerven hervor und nimmt neben der Zahl 31 aus der *ansa cervicalis prima* unsebuliche Zweige auf, welche aber nur ein Thell den *ramus descendens nerv. hypoglossi* zusammensetzen.

45. *Ramus descendens nervi hypoglossi,* welcher aus dem *arcus n. hypoglossi* sich entwickelt und am Rückenmarks- und Hypoglossus-Nerven zusammengesetzt ist.

46. *Ramus lingualis nervi hypoglossi.*

---

8. Racine longue du ganglion ciliaire.

9. Racine sympathique du ganglion ciliaire. Du ganglion ophthalmique sortent les nerfs ciliaires qui arrivent au bulbe dans la région du nerf optique.

10. Rameau second du nerf trijumeau, coupé après sa sortie du pertuis rond.

11. Ganglion sphénopalatin avec le

12. nerf alvéolaire supérieur postérieur qui en émane. Derrière celui-ci, un rameau maxillaire externe se porte à la gencive de la mâchoire supérieure, et les nerfs palatins descendants se rendent dans le canal ptérygo-palatin au palais.

13. Nerf sous-orbitaire.

14. Nerf vidien qui, avec son rameau supérieur, le nerf pétreux superficiel grand, se porte au

15. nerf facial.

16. Nerf pétreux profond grand (le rameau inférieur du nerf vidien) doit être considéré comme une continuation du cordon latéral sympathique qui va au ganglion sphéno-palatin, ganglion sympathique.

17. Rameau troisième du nerf trijumeau qui marche en arc, en bas et en avant, à la face latérale du pharynx et de la langue.

18. Au-dessus de la glande sous-maxillaire, sous le rameau lingual du nerf trijumeau est situé le ganglion sublingual qui s'anastomose non seulement avec le nerf trijumeau, mais aussi avec le sympathique qui accompagne les artères sous forme de plexus.

19. Ce chiffre se trouve au milieu de la glande sublinguale, et ponctué jusque vers les filets sympathiques qui se rendent au ganglion.

20. Nerf facial et auditif.

21. Nerf glossopharyngien.

22. Ganglion pétreux du nerf glossopharyngien avec le nerf tympanique ou rameau de Jacobson qui se dirige droit en haut (vers le chiffre 24).

23. Nerfs pétreux profonds petits. Deux rameaux qui se rendent du plexus carotidien dans la cavité du tympan jusqu'au plexus tympanique.

24. Nerf pétreux superficiel petit, qui pénètre dans le plexus de la cavité du tympan, apparait coupé. Les rameaux qui vont en arrière et en haut, émanent, tant en haut qu'en bas, de l'anastomose et se rendent à la fenêtre ovale et à la ronde.

25. Rameaux pharyngiens du nerf glossopharyngien qui se ramifient à la face du muscle constricteur du pharynx supérieur.

26. Rameau lingual du nerf glossopharyngien.

27. Racines originaires du nerf vague qui se dirigent un peu en haut, et, dans le trou jugulaire, passent au

28. ganglion jugulaire du nerf vague.

29. Anastomose du nerf vague avec le nerf accessoire de Willis. De l'accessoire, des filets se rendent au vague et vice-versa.

30. Nerf accessoire de Willis qui passe près du muscle sternocléidomastoïdien renversé et se joint aux nerfs cervicaux supérieurs.

31. Plexus noueux ou ganglioforme du nerf vague sur lequel passe, en bas et en dedans, le nerf hypoglosse.

32. Anastomose du nerf vague avec le sympathique.

33. Nerf laryngé supérieur du nerf vague qui envoie des filets au plexus pharyngien et reçoit des rameaux sympathiques.

34. Rameau cardiaque supérieur du nerf vague, qui, pendant son trajet, près du cou, se renforce de rameaux sympathiques.

35. Rameau cardiaque moyen du nerf vague.

36. Nerf laryngé inférieur ou rameau récurrent du nerf vague; dans sa direction ascendante il enlace l'artère sous-clavière.

37. Rameaux cardiaques inférieurs du vague et du sympathique.

38. Rameaux, émanant du vague, qui arrivent à la face antérieure de la racine pulmonaire droite où, avec des nerfs sympathiques, ils représentent le plexus pulmonaire antérieur.

39. Plexus pulmonaire postérieur.

40. Rameaux trachéens et oesophagiens.

41. Rameaux sympathiques qui émanent de la portion pectorale du cordon latéral (ganglion sus-vertébral) et s'unissent au plexus pulmonaire.

42. Le vague droit se porte, sous la racine pulmonaire, à l'oesophage et s'unit, par de forts rameaux du

43. vague gauche, au nerfs oesophagien. Le trajet ultérieur du vague avec l'oesophage, à travers le trou oesophagien, jusqu'à l'estomac, ne pouvait être représenté sur notre figure sans porter atteinte aux plexus nerveux du canal intestinal (tractus intestinalis).

44. Nerf hypoglosse qui émerge sous les nerfs cérébraux, neuvième, dixième et onzième et reçoit, près du chiffre 31, des rameaux considérables de l'anse cervicale première, lesquels vont en partie seulement composer la branche descendante du nerf hypoglosse.

45. Branche descendante du nerf hypoglosse qui naît de l'arcade de ce dernier et se compose de nerfs spinaux et hypoglosses.

46. Rameau lingual de l'hypoglosse.

47. Durch Vereinigung spinaler Nerven, welche aus dem *nerv. spinalis secundus* und *tertius* hervorgehen, mit dem *ramus descendens nervi hypoglossi*, entsteht die *ansa nervi hypoglossi*, die in dieser Darstellung doppelt vorhanden ist.
48. *Ramus thyreohyoideus* für den gleichnamigen Muskel.
49. *Rami musculares* für den *musc. omohyoideus, sternothyreoideus* und *sternohyoideus*. Ein Zweig geht am untern Ende des *musc. sternothyreoideus* zum *plexus cardiacus*. Man muss diese Anordnung des *hypoglossus* so deuten, dass Rückenmarksnerven, welche sich zum *ramus descendens* gesellen, auf Umwegen zum Herzen oder zu den grossen Gefässen gelangen.
50. *Nervus cervicalis primus* tritt unter dem Theil der *arteria vertebralis* hervor, welcher sich über dem Atlas nach innen und hinten krümmt.
51. *Nervus cervicalis secundus* biegt sich aussen an der *art. vertebralis* vorbei und bildet nach oben mit dem ersten Halsnerv die erste und nach unten mit dem dritten Halsnerv die zweite Schlinge. Aus der ersten Schlinge gehen ansehnliche Zweige zum Sympathicus. Vorwiegend gehen an dieser Stelle spinale Nerven in die Bahnen des Sympathicus über.
52. *Nervus cervicalis tertius* und *ansa cervicalis secunda*.
53. *Nervus cervicalis quartus* bildet nach aufwärts mit dem dritten Halsnerv die *ansa cervicalis tertia*. Aus dem vierten Halsnerv entwickelt sich mit mehreren Wurzeln, welche nach die *rami communicantes* für den Sympathicus enthalten, der *nervus phrenicus*.
54. *Nervus cervicalis quintus*, welcher dem *nerv. phrenicus* noch zwei weitere Wurzeln ertheilt.
55. Der fünfte, sechste, siebente und achte Halsnerv bilden im Verein mit dem ersten Brustnerv den *plexus cervicalis inferior*, welcher von der abgeschnittenen *arteria subclavia* gedeckt wird.
56. *Nervus phrenicus* geht aus dem vierten und fünften Halsnerv hervor, gelangt vor der *subclavia*, an der innern Seite der *art. mammaria*, sympathische Nerven von dem *plexus mammarius* aufnehmend, zur Brusthöhle, um vor der Lungenwurzel, zwischen dem Mediastinalblatt der Pleura und dem Herzbeutel nach abwärts zu laufen.
57. Der *nervus phrenicus* wird durch die mit Haken zurückgehaltene Lunge gedeckt. Die beiden Muskelhaken sind in die abgeschnittene Lungenwurzel eingesenkt und an der vorderen Brustwand befestigt. Ueber dem oberen Haken erscheint die comprimirte obere Hohlvene auf dem Durchschnitt.
58. Am unteren Rande der abgeschnittenen Lungenwurzel wird der *nerv. phrenicus* wieder sichtbar und gibt
59. feine Zweige zum Zwerchfell.
60. Anastomose des *phrenicus* mit dem *plexus diaphragmaticus inferior*. Es ist schwierig zu entscheiden, ob die spinalen Phrenicuszweige in den *plexus solaris* gelangen, oder ob zur sympathischen Nerven in die peripherischen Bahnen des *phrenicus* gehen. Das letztere scheint die wahrscheinlichere Anordnung zu sein.
61. Der aus dem oberen spindelförmigen Halsganglion nach aufwärts gehende Theil des sympathischen Grenzstranges gelangt zur *carotis cerebralis*, an welcher
62. der *plexus caroticus internus* entsteht. Der stärkere *ramus externus* lagert sich an die hintere äussere Wand des Gefässes. Der aus die innere Seite der *carotis* gelangende ansehnliche Zweig steht mit dem Rameron in netzartiger Verbindung. Die Zahl 23 sind die *nervuli carotico-tympanici* angegeben, welche in den gleichnamigen Kanälchen zum Paukenhöhlenplexus gelangen. Die Zahl 16 bedeutet die Fortsetzung des sympathischen Grenzstranges (*nervus petrosus profundus major*) in den *nervus Vidianus*.
63. An der inneren Fläche der linken Grosshirnhemisphäre ist diese Zahl an dem den Arterien folgenden Nervenplexus angebracht.
64. Vom unteren Ende des *ganglion cervicale supremum* s. *superius nervi sympathici* setzt sich vor der Wirbelsäule der Grenzstrang des Halses nach abwärts fort. Ueber der Zahl 64 gelangen vom Sympathicus und *vagus* eine Anzahl *nervi molles* zur Theilungsstelle der *carotis communis*. Den einzelnen Aesten der *carotis externa* folgen die sympathischen Plexus nach den verschiedenartigsten Gebilden. Zwischen der Zahl 47 und 48 in gleich weiter Entfernung schlingelt sich die *arteria thyreoidea* und der gleichnamige Nervenplexus nach abwärts zur Schilddrüse.
65. *Nervi cardiaci superiores*, welche aus dem oberen Halsganglion direkt hervorgehen und in der Nähe der *carotis communis*, vereinigt mit Zweigen aus dem *vagus*, nach abwärts zur Brusthöhle gelangen.
66. *Ganglion cervicale medium* s. *thyreoideum*, welches aussen durch *rami communicantes* mit den Halsnerven in Verbindung steht und innen einen *nervus cardiacus medius* abschickt.
67. *Rami communicantes*, welche die untersten Halsnerven mit dem *ganglion thoracicum primum* s. *supremum* s. *magnum* s. *stellatum* in Verbindung setzen. Diese Anastomosen enthalten vorwiegend spinale Nerven, welche nach meinen Beobachtungen theilweise zu dem Ganglion vorbeigehen und zu den *rami cardiaci (tertius und quartus)* gelangen.
68. Spinale Nervenzweige (*nervus cardiacus imus* s. *quartus*), welche sowohl von den unteren Hals- als auch von den oberen Intercostal-

47. De l'anastomose de nerfs spinaux, qui émergent des spinaux second et troisième, avec la branche descendante de l'hypoglosse, naît l'anse de l'hypoglosse, laquelle est représentée deux fois sur notre figure.
48. Rameau thyro-hyoïdien pour le muscle de même nom.
49. Rameaux musculaires pour le muscle omoplat-hyoïdien, sterno-thyroïdien et sterno-hyoïdien. Un rameau passe au plexus cardiaque, près de l'extrémité inférieure du muscle sterno-thyroïdien. Cette disposition de l'hypoglosse doit se comprendre de manière que des nerfs spinaux qui s'accolent à la branche descendante, arrivent par détours au coeur ou aux grands vaisseaux.
50. Nerf cervical premier sortant sous la portion de l'artère vertébrale qui se contourne en dedans et en arrière par-dessus l'atlas.
51. Nerf cervical second qui se plie en dehors en passant près de l'artère vertébrale et va former en haut avec le premier nerf cervical la première anse, et, en bas, avec le troisième nerf cervical, la seconde anse. De la première anse il se rend des rameaux considérables au sympathique. A ce point surtout se portent aussi des nerfs spinaux dans les voies du sympathique.
52. Nerf cervical troisième et l'anse cervicale seconde.
53. Nerf cervical quatrième qui forme en montant avec le troisième nerf cervical l'anse cervicale troisième. Du quatrième nerf cervical se développe le nerf phrénique avec plusieurs racines qui contiennent aussi les rameaux de communication pour le sympathique.
54. Nerf cervical cinquième qui fournit encore deux autres racines au nerf phrénique.
55. Les nerfs cervicaux, cinquième, sixième, septième et huitième, concourent, avec le premier nerf pectoral, à former le plexus cervical inférieur qui est couvert par l'artère sous-clavière coupée.
56. Nerf phrénique qui émane du quatrième et cinquième nerf cervical, arrive devant la sous-clavière, près de la face interne de l'artère mammaire, en recevant des nerfs sympathiques du plexus mammaire, jusqu'à la cavité thoracique, pour prendre une direction descendante devant la racine pulmonaire, entre le médiastin, la plèvre et le péricarde.
57. Nerf phrénique qui est couvert par le poumon éloigné au arrière. Les deux érignes sont enfoncées dans la racine pulmonaire et fixées à la paroi antérieure de la poitrine. Au-dessus de l'érigne supérieure apparaît coupée la veine creuse supérieure comprimée.
58. Au bord inférieur de la racine pulmonaire coupée le nerf phrénique redevient visible et fournit au diaphragme des
59. rameaux grêles.
60. Anastomose du phrénique avec le plexus diaphragmatique inférieur. Il est difficile de décider si les rameaux spinaux du phrénique se rendent dans le plexus solaire, ou si seulement des nerfs sympathiques suivent les voies périphériques du nerf phrénique. C'est le dernier cas qui est le plus probable.
61. La portion du cordon latéral sympathique qui, du ganglion cervical fusiforme supérieur, se dirige en haut, arrive à la carotide cérébrale sur laquelle se forme le
62. plexus carotidien interne. Le rameau externe fort se loge à la paroi extérieure postérieure du vaisseau. Le rameau considérable, parvenu à la face interne de la carotide, contracte une anastomose réciforme avec le rameau carotidien. Sous le nombre 23 sont indiqués les petits nerfs carotidico-tympaniques qui, dans les petits conduits de même nom, arrivent au plexus de la cavité tympanique. Le nombre 16 indique le prolongement du cordon latéral sympathique (nerf pétreux profond grand) dans le nerf vidien.
63. A la face interne de l'hémisphère gauche du cerveau, ce nombre se trouve appliqué au plexus nerveux qui longe les artères.
64. L'extrémité inférieure du ganglion cervical suprême ou supérieur du nerf sympathique se prolonge vers le bas, devant la colonne vertébrale, le cordon latéral du cou. Par-dessus le nombre 64 il arrive du sympathique et du vague nombre de nerfs mous jusqu'au point de partage de la carotide commune. Les diverses branches de la carotide externe sont longées par les plexus sympathiques qui se distribuent aux divers organes. Entre les nombres 47 et 48, serpentent vers le bas et à distance toujours égale, l'artère thyroïde et le plexus nerveux de même nom, jusqu'à la glande thyroïde.
65. Nerfs cardiaques supérieurs qui émanent directement du ganglion cervical supérieur, et qui, dans la région de la carotide commune, unis à des rameaux du vague, se portent en descendant à la cavité thoracique.
66. Ganglion cervical moyen ou thyroïdien qui, en dehors, par des rameaux de communication, se trouve en rapport avec les nerfs cervicaux, et, en dedans, envoie un nerf cardiaque moyen.
67. Rameaux de communication qui mettent en rapport les nerfs cervicaux inférieurs avec le ganglion thoracique premier ou suprême ou grand ou étoilé. Ces anastomoses renferment principalement des nerfs spinaux qui, d'après mes observations, passent en partie près du ganglion et arrivent aux rameaux cardiaques, troisième et quatrième.
68. Rameaux musculaires spinaux (nerf cardiaque profond ou quatrième) qui proviennent tant des nerfs cervicaux inférieurs que des nerfs

b

nervu abstammen, an dem *ganglion stellatum* vorbeilaufen und mit den *rami cardiaci* sich vereinigen. In ähnlicher Weise, wie die *nervi splanchnici* die spinalen Nerven nach den Geflssen und Eingeweiden der Bauchhöhle führen, so gelangen in den *rami communicantes* zwischen Hals- und Brustnerven und dem ersten Thoraxganglion spinale Nerven, ohne vorherige Verbindung mit den sympathischen Ganglien, zu den *nervi cardiaci* und wahrscheinlich auch zu den *plexus pulmonalis*.

69. *Ansa Vieussenii s. subclavia*, welche aus dem vorderen schwächeren Zuge des Grenzstranges gebildet wird, umschlingt die *arteria subclavia* und gelangt unter derselben zum *ganglion thoracicum primum*. Aus der Schlinge begeben sich einige Verstärkungszweige *(nervi cardiaci inferiores)* zum Herzgeflecht.

70. *Plexus thyroideus inferior*. An der lateralen Seite des Ursprunges der *arteria thyroidea inferior* befindet sich das *ganglion cervicale inferius*, welches häufig mit dem *ganglion thoracicum primum* zu einem Knoten vereinigt gefunden wird. Zu dem *ganglion cervicale inferius nervi sympathici* gelangen zwei *rami communicantes* aus dem fünften und sechsten Halsnerv.

71. *Plexus vertebralis s. cervicalis profundus*, welcher dem Verlaufe der *arteria vertebralis* folgt, Fäden in den Wirbelkanal hineinschickt und mit den Gefässen bis an dem Gehirn emporsteigt.

72. *Accessorisches Ganglion* an der Vereinigungsstelle des *nerv. cardiacus superior* mit mehreren n. *cardiaci inferiores*.

73. *Pars thoracica nervi sympathici* mit den aus den Interkostalnerven kommenden oberen und unteren *rami communicantes*.

74. *Nervi molles*, welche an der Seitenfläche der Wirbelsäule, theilweise in Begleitung der Interkostalarterien zur *aorta*, der *vena azygos*, dem *ductus thoracicus* und der Speiseröhre gelangen, wo sie mit den correspondirenden Nerven der anderen Seite Geflechte an den Gefässen, vorzüglich an der *aorta*, den *plexus aorticus* bilden. Die mit der Zahl 41 angedeutete Anastomose mit dem *plexus pulmonalis* habe ich öfter beobachtet.

75. *Nerv. splanchnicus major*, geht zum grössten Theil aus den Rückenmarknerven hervor und gibt tiefer abwärts Zweige zur Aorta. Bevor derselbe zwischen den Zwerchfellschenkeln in die Bauchhöhle gelangt, geht ein Theil seiner Fasern in ein Ganglion *(ganglion nervi splanchnici)* über, aus welchem auch schwache Zweige hervorgehen, die Antheil an der Bildung des *plexus aorticus* nehmen.

76. *Nerv. splanchnicus minor* senkt sich, wie der *major*, in das *ganglion semilunare* des Sonnengeflechtes ein. Die zahlreichen Nerven der Nebenniere decken theilweise die Enden der Splanchnici.

77. *Pars lumbalis nervi sympathici*, welche hinter der Nierenarterie nach vorn und mehr gegen die Mittellinie zieht, um vor das Wirbelkörpern nach abwärts zur Beckenhöhle zu gelangen.

78. *Ganglion semilunare s. coeliacum s. cerebrum abdominale* der rechten Seite. Von diesem Knoten geben starke Zweige nach der rechten Nebenniere (88) und Verbindungszweige um die *art. coeliaca* und in diesem Falle wegen deren schwacher Entwickelung nur die *arteria mesenterica superior*, welche eine starke *arteria hepatica* absendet, nach dem *ganglion semilunare* der linken Seite.

79. *Ganglion semilunare* der linken Seite wird theilweise von dem *plexus coeliacus* gedeckt.

80. *Plexus diaphragmaticus inferior*, welcher mit dem *Phrenicus* Verbindungen eingeht.

81. *Plexus arteriae hepaticae* zu jenem Gefässast, welcher von der *arteria coeliaca* entspringt.

82. Ein zweiter *plexus hepaticus*, welcher jener Arterie folgt, die von der *art. mesenterica* entspringt. Die zurückgedrängte Leber nimmt an der *fossa transversa* die Arterien und Nerven auf. Auch in der Umgebung der Pfortader und des *ductus choledochus* sind Nervenplexus wahrnehmbar; diese sind jedoch bedeutend schwächer entwickelt, als jene an den Arterien.

83. *Plexus cystici* folgt dem Verlaufe der gleichnamigen Arterie zur Gallenblase.

84. *Arteria mesenterica superior* mit ihren Verzweigungen wird umgeben von dem starken *plexus mesentericus superior*.

85. Der Verbreitung der *art. colica dextra* und der *ilio-colica* folgen die Nervenplexus, welche die *nervi colici* und die *nervi intestinales* für das Ende des Ileum und die wurmförmigen Fortsätze abgeben. Zwischen der Zahl 86 und 86 (letzteren Zahl steht auf dem durchschnittenen *duodenum*) ist das aufsteigende *colon* mit dem *coecum* und dem *processus vermiformis* nach der rechten Seite des Bildes zurückgeschlagen.

85ᵃ. *Rami intestinales*, gelangen mit den Arterienzweigen der *mesenterica superior* zum *jejunum* und *ileum*.

86. Die Oeffnungen des durchschnittenen *duodenum*, welches zurückgedrängt wurde, um die *arteria mesenterica superior* mit ihrem *plexus nervosus* sichtbar zu machen.

87. *Plexus renalis* der rechten Seite erscheint abgeschnitten und in der Nähe der Nierenpforte zurückgeschlagen.

88. Die Nebenniere, welche um ein Drittel verkleinert wurde, ist hinter den sympathischen Grenzstrang und dem *splanchnicus minor* gedrängt.

intercostaux supérieurs, longent le ganglion étoilé et s'unissent aux rameaux cardiaques. De même que les nerfs splanchniques conduisent les nerfs spinaux aux vaisseaux et intestins de la cavité abdominale, de même aussi des nerfs spinaux arrivent dans les rameaux de communication entre les nerfs cervicaux et pectoraux et le premier ganglion thoracique, sans anastomose préalable avec les ganglions sympathiques, aux nerfs cardiaques et vraisemblablement aussi au plexus pulmonaire.

69. Anse de Vieussens ou de la sous-clavière, formée du rameau faible antérieur du cordon latéral, qui enlace l'artère sous-clavière et arrive au-dessous du celle-ci au ganglion thoracique premier. De l'anse partent quelques rameaux de renforcement (nerfs cardiaques inférieurs) pour se rendre au plexus cardiaque.

70. Plexus thyroïdien inférieur. A la face latérale de l'origine de l'artère thyroïdienne inférieure est situé le ganglion cervical inférieur qui se trouve souvent réuni en un seul ganglion avec le ganglion thoracique premier. Au ganglion cervical inférieur du nerf sympathique arrivent deux rameaux de communication du cinquième et du sixième nerf cervical.

71. Plexus vertébral ou cervical profond qui suit le trajet de l'artère vertébrale, envoie des filets dans le canal vertébral et s'élève avec les vaisseaux jusqu'au cerveau.

72. Ganglion accessoire au point de réunion du nerf cardiaque supérieur avec plusieurs nerfs cardiaques inférieurs.

73. Portion thoracique du nerf sympathique avec les rameaux de communication supérieurs et inférieurs qui viennent des nerfs intercostaux.

74. Nerfs mous qui, à la face latérale de la colonne vertébrale, arrivent, partie accompagnés des artères intercostales, à l'aorte, à la veine azygos, au conduit thoracique et à l'oesophage, où, avec les nerfs correspondants de l'autre face, ils forment des plexus près des vaisseaux, tels qu'à l'aorte principalement, le plexus aortique. L'anastomose, avec le plexus pulmonaire indiquée par le nombre 41, a été souvent observée par moi.

75. Nerf splanchnique grand qui émane en grande partie des nerfs spinaux et donne un peu plus bas des rameaux à l'aorte. Avant qu'il arrive entre les portions du diaphragme dans la cavité abdominale, une partie de ses fibres se forment en ganglion (ganglion du nerf splanchnique), duquel sortent aussi de grêles rameaux qui concourent à la formation du plexus aortique.

76. Nerf splanchnique petit qui, comme le grand, s'enfonce dans le ganglion semi-lunaire du plexus solaire. Les nombreux nerfs de la glande surrénale couvrent en partie les terminaisons des splanchniques.

77. Portion lombaire du nerf sympathique qui marche en avant et plus vers le milieu, derrière l'artère rénale, pour arriver en descendant devant les corps vertébraux jusqu'à la cavité pelvienne.

78. Ganglion semi-lunaire ou coeliaque ou cerveau abdominal du côté droit. De ce ganglion, il se rend de forts rameaux au rein surnuméraire droit (88), et des rameaux de communication autour de l'artère coeliaque et, dans ce cas, à cause de leur faible développement, autour de l'artère mésentérique supérieure qui envoie une forte artère hépatique vers le ganglion semi-lunaire du côté gauche.

79. Ganglion semi-lunaire du côté gauche qui est en partie couvert par le plexus coeliaque.

80. Plexus diaphragmatique inférieur qui forme des anastomoses avec le phrénique.

81. Plexus de l'artère hépatique, près de ce rameau vasculaire qui émerge de l'artère coeliaque.

82. Second plexus hépatique, longeant cette artère qui émerge de l'artère mésentérique. Le foie renversé reçoit, à la fosse transverse, les artères et les nerfs. On aperçoit aussi des plexus nerveux dans la veine-porte et près du conduit cholédoque, mais ils sont considérablement moins développés que ceux des artères.

83. Plexus cystique qui accompagne l'artère de même nom dans son trajet jusqu'à la vésicule du fiel.

84. Artère mésentérique supérieure avec ses ramifications, entourée du plexus mésentérique supérieur grand.

85. Ramification de l'artère colique droite et de l'ilio-colique, accompagnée par les plexus nerveux, qui fournissent les nerfs coliques et intestinaux pour la terminaison de l'iléum et l'appendice vermiculaire. Entre les nombres 85 et 86 (ce dernier, placé sur le duodénum coupé) le côlon ascendant a été renversé vers le côté droit de la figure avec le coecum et le processus vermiformis ou appendice vermiculaire.

86ᵃ. Rameaux intestinaux qui arrivent au jéjunum et iléum avec les branches artérielles de l'artère mésentérique supérieure.

86. Les orifices du duodénum coupé et renversé pour rendre visible l'artère mésentérique supérieure avec son plexus nerveux.

87. Plexus rénal du côté droit. La veine rénale apparaît coupée et renversée dans le voisinage de la porte rénale.

88. Le rein surnuméraire, réduit d'un tiers, est replié derrière le cordon latéral sympathique et le splanchnique petit.

Tafel 22.

89. Ein secundärer Abdominal-Grenzstrang mit vier eingelagerten Ganglien zieht neben und vor der *aorta abdominalis* herunter und bildet mit dem der anderen Seite den *plexus aorticus abdominalis*.
90. Die vor der *aorta abdominalis* nach der linken Seite ziehenden Nerven des *plexus aorticus*.
91. *Plexus mesentericus inferior* umstrickt die gleichnamige Arterie.
92. Vereinigung des *plexus aorticus* (den secundären abdominalen Grenzstranges) mit jenem der linken Seite. An der Vereinigungstelle befindet sich ein unpaarer Knoten.
93. Die vom sympathischen Grenzstrang zu dem accessorischen Bauchstrang gelangenden Verstärkungszweige.
94. *Plexus spermaticus*, welcher dem Verlauf der *arteria spermatica* durch den Leistenkanal zum Hoden folgt und durch Zweige, die aus der Beckenhöhle emporsteigen (99) verstärkt wird.
95. *Plexus lumbalis* der Spinalnerven wird theilweise durch die Niere und den Harnleiter gedeckt.
96. *Rami communicantes* zwischen den Lumbalnerven und der *pars lumbalis nervi sympathici*.
97. *Plexus hypogastricus inferior* ist als directe Fortsetzung des *plexus hypogastricus superior* (unter der Zahl 92) anzusehen.
98. *Plexus ischiadicus* der Spinalnerven gibt spinale Zweige in das Beckengeflecht des Sympathicus.
99. *Plexus deferentialis*. Mehrere ansehnliche Zweige gehen aus dem *plexus hypogastricus inferior* hervor und begeben sich zum *vas deferens*, mit welchen dieselben durch den Leistenkanal nach dem Hoden verlaufen.
100. Der *plexus spermaticus* von der Aorta und der *plexus deferentialis* gehen mit einander zu dem Samenstrang zahlreiche Anastomosen ein.
101. *Plexus vesicalis* aus dem *pl. hypogastricus inferior* hervorgehend.
102. Zahlreiche spinale Nerven vereinigen sich mit dem dichten *plexus haemorrhoidalis*, in den zahlreiche Ganglien eingelagert sind.
103. *Plexus seminalis* und *prostaticus*.
104. *Nervus pudendus communis* läuft am Boden der Beckenhöhle, zahlreiche Zweige abgebend, empor und wird zum
105. *nervus dorsalis penis*, welcher sich mit dem der anderen Seite und mit sympathischen Nerven (den *plexus cavernosi*) auf dem Rücken des Penis vereinigt.
106. Die feinen Fäden stellen die sympathischen Plexus auf dem Rücken des Penis dar.
107. Die stark geschlängelten dickeren Zweige sind die Ausläufer des spinalen *nervus dorsalis penis*, welche vielfache Verbindungen mit den sympathischen Zweigen eingehen.

89. Un cordon latéral abdominal secondaire avec quatre ganglions qui y sont logés, descend à côté et devant l'aorte abdominale et forme avec celui de l'autre côté le plexus aortique abdominal.
90. Les nerfs du plexus aortique qui se rendent devant l'aorte abdominale au côté gauche.
91. Plexus mésentérique inférieur qui embrasse l'artère du même nom.
92. Anastomose du plexus aortique (du cordon latéral abdominal secondaire) avec celui du côté gauche. Au point de réunion se trouve un ganglion impair.
93. Rameaux de renforcement qui arrivent du cordon sympathique au cordon abdominal secondaire.
94. Plexus spermatique qui suit le trajet de l'artère spermatique à travers le canal inguinal jusqu'au testicule et qui est renforcé par des rameaux qui émergent (99) de la cavité pelvienne.
95. Plexus lombaire des nerfs spinaux, couvert en partie par le rein et l'urétère.
96. Rameaux de communication entre les nerfs lombaires et la portion lombaire du nerf sympathique.
97. Plexus hypogastrique inférieur qui doit être regardé comme le prolongement direct du plexus hypogastrique supérieur (voir 92).
98. Plexus ischiatique des nerfs spinaux qui envoie des rameaux spinaux au plexus hypogastrique du sympathique.
99. Plexus déférentiel. Plusieurs rameaux considérables émanent du plexus hypogastrique inférieur et se portent au vaisseau déférent, avec lequel ils passent par le canal inguinal au testicule.
100. Le plexus spermatique de l'aorte et le plexus déférentiel forment entre eux de nombreuses anastomoses près du cordon spermatique.
101. Plexus vésical, émanant du plexus hypogastrique inférieur.
102. Nombre de nerfs spinaux s'anastomosent au gros plexus hémorrhoïdal dans lequel sont logés de nombreux ganglions.
103. Plexus séminal et prostatique.
104. Nerf honteux commun monte qui au fond de la cavité pelvienne en fournissant de nombreux rameaux et devient le
105. nerf dorsal de la verge, qui s'anastomose avec celui de l'autre côté et avec des nerfs sympathiques (plexus caverneux) sur le dos de la verge.
106. Les filets déliés représentent les plexus sympathiques sur le dos de la verge.
107. Les rameaux forts sont les prolongements du nerf spinal dorsal de la verge, qui forment plusieurs anastomoses avec les rameaux sympathiques.

Figura XXXIV.
Grenzstränge des Sympathicus und seine Verbindungen mit den Gehirn- und Rückenmarksnerven.

1. *Nervus opticus* grenzt an die letzte Krümmung der *carotis cerebralis*. Das Lumen der durchschnittenen *carotis* befindet sich an dem hinteren Ende des *nervus opticus*.
2. *Nervus oculomotorius* schickt in der Augenhöhle
3. die kurze (motorische) Wurzel zum *ganglion ciliare*.
4. Die lange (sensible) Wurzel des *ganglion ciliare*.
5. *Nervi ciliares* gelangen in der Umgebung des Opticus zum Bulbus. Die einzelnen Zweige des *n. oculomotorius* sieht man in die Innenflächen der Muskeln eintreten.
6. *Nervus trigeminus* geht in das *ganglion Gasseri* über, welches mit den aus ihm hervorgehenden drei Aesten dargestellt ist.
7. *Ramus primus nervi trigemini* zieht unter dem Dach der Orbita nach vorn und oben.
8. *Ramus secundus nervi trigemini* gelangt durch die *fossa sphenopalatina* zum Boden der Augenhöhle in den *canalis infraorbitalis*.
9. *Ramus tertius nervi trigemini*.
10. *Nervus infraorbitalis*.
11. *Ganglion sphenopalatinum*.
12. *Nervus nasopalatinus* Scarpae, welcher vorwiegend als Fortsetzung des Sympathicus aufzufassen ist.
13. *Rami incisivi*, welche durch den gleichnamigen Kanal zur Schleimhaut an der vorderen Abtheilung des harten Gaumens gelangen.
14. *Nervus Vidianus*, welcher nach meinen Beobachtungen grösstentheils als Fortsetzung des Sympathicus, d. h. als Grenzstrang des Kopfes aufgefasst werden muss. Dessen *nervus petrosus profundus major* stellt die Fortsetzung des Grenzstranges des Kopfes dar.
15. *Nervus petrosus superficialis major* setzt das *ganglion sphenopalatinum* mit dem *ganglion geniculi nervi facialis* in gegenseitige Verbindung.
16. *Nervus facialis* im *canalis Fallopiae* abgeschnitten.
17. *Nervus petrosus profundus major*, Fortsetzung des *plexus caroticus nervi sympathici*.

Figure XXXIV.
Cordons latéraux du Sympathique et ses anastomoses avec les nerfs cérébraux et spinaux.

1. Le nerf optique atteint la dernière courbure de la carotide cérébrale. Le trou de la carotide coupée se trouve à l'extrémité postérieure du nerf optique.
2. Nerf oculo-moteur qui envoie dans l'orbite de l'œil
3. la racine courte (motrice) au ganglion ciliaire.
4. La racine longue (sensible) du ganglion ciliaire.
5. Nerfs ciliaires qui arrivent dans la région de l'optique au globe oculaire. On voit pénétrer les divers rameaux du nerf oculo-moteur dans les faces intérieures des muscles.
6. Nerf trijumeau, pénétrant dans le ganglion de Gasser, et représenté avec les trois branches, qui en émanent.
7. Rameau premier du nerf trijumeau, qui marche sous le toit de l'orbite en avant et en haut.
8. Rameau second du nerf trijumeau qui se rend par la fosse sphéno-palatine au plancher de l'orbite dans le canal sous-orbitaire.
9. Rameau troisième du nerf trijumeau.
10. Nerf sous-orbitaire.
11. Ganglion sphéno-palatin.
12. Nerf naso-palatin de Scarpa, qu'on doit, pour la partie majeure, regarder comme une continuation du sympathique.
13. Rameaux incisifs, qui arrivent par le canal du même nom à la membrane muqueuse à la portion antérieure du palais dur.
14. Nerf Vidian, qu'on doit regarder selon mes observations pour la partie majeure, comme une continuation du sympathique, c'est-à-dire, comme cordon latéral de la tête. Son nerf pétreux profond grand représente la continuation du cordon de la tête.
15. Nerf pétreux superficiel grand qui unit le ganglion sphénopalatin avec le ganglion du genou du nerf facial.
16. Nerf facial coupé dans le canal de Fallope.
17. Nerf pétreux profond grand, continuation du plexus carotidien du nerf sympathique.

e

18. *Nervus glossopharyngeus* mit dem an der unteren Seite der *pars petrosa* gelegenen *ganglion petrosum*.
19. *Nervus vagus* mit dem *ganglion jugulare nervi vagi*.
20. *Nervus accessorius Willisii* und seine Anastomose mit dem Vagus.
21. *Ramus lingualis nervi trigemini*.
22. *Chorda tympani*.
23. *Ganglion sublinguale nervi trigemini*.
24. *Ramus lingualis nervi glossopharyngei*, welcher weit über die Grenzen der *papillae circumvallatae* nach vorn gelangt. Ich habe demselben makroskopisch bis zum vorderen Drittel der Zunge verfolgt.
25. Dessen wellenförmige Anordnung unter der Zungenschleimhaut.
26. *Ramus pharyngeus nervi vagi*.
27. *Plexus nodosus* s. *gangliformis nervi vagi*.
28. *Nervus laryngeus superior nervi vagi*.
29. *Nervus vagus* mit der gefiederartigen Anordnung.
30. *Rami cardiaci superiores* vom Sympathicus und Vagus.
31. *Rami cardiaci inferiores*.
32. *Plexus pulmonalis posterior nervi vagi*.
33. Verbindungszweige, welche nicht nur bis zum *ganglion cervicale inferius*, sondern an demselben vorbei bis zu den ersten Intercostalnerven verfolgt werden können.
34. *Nervus recurrens* s. *ramus laryngeus inferior nervi vagi*, welcher die *art. subclavia* umschlingt, in der Rinne zwischen Luft- und Speiseröhre emporsteigt und
35. zahlreiche Zweige: *rami trachealis et oesophagei superiores*, abgibt.
36. *Rami musculares*, welche zu den Muskeln des Kehlkopfes gelangen.
37. Anastomose zwischen dem *nervus laryngeus superior* und *inferior*.
38. *Nervus hypoglossus*.
39. *Ganglion cervicale superius* s. *olivare nervi sympathici*, welches mit den angrenzenden Gehirn- und Rückenmarknerven in Verbindung steht.
40. *Rami communicantes* für die *ansa cervicalis prima* und den *nervus hypoglossus* (38).
41. Anastomose des *nervus vagus* mit dem *hypoglossus*. Der erstere schickt zum letzteren zwei Zweige.
42. Anastomose des Sympathicus mit dem *nervus hypoglossus, glossopharyngeus* und *vagus*.
43. *Nervi jugulare*, welche in die Schädelhöhle gelangen, theilweise aber auch Verbindungen mit dem *glossopharyngeus* und *vagus* eingehen.
44. *Pl. caroticus*, welcher sich mit einem anethal Zweig in den *Vidianus* fortsetzt. Ich habe demselben ohne sichtbare Grenzsetzung des Kopfes aufgeführt.
45. *Plexus tympanicus*, welcher zusammengesetzt wird aus den *nervuli carotico-tympanici*, die vom *plexus caroticus* aus dicht neben einander nach oben und hinten laufen und sich mit dem *ramus tympanicus nervi glossopharyngei* und dem abgeschnittenen *nervus petraeus superficialis minor* vereinigen. Einige mit freiem Auge sichtbare Zweige gelangen zum runden und ovalen Fenster an der knöchernen Labyrinthwand.
46. *Nervi mollis* gelangen in die Theilungsstelle der *carotis communis*.
47. und 48. *Rami communicantes* zwischen dem Halstheil des Sympathicus und den *nervi cervicales*.
49. *Nervus cervicalis primus* s. *suboccipitalis* vereinigt sich mit
50. dem *nervus cervicalis secundus* zur ersten Cervicalschlinge.
51. *Nervus cervicalis tertius*.
52. *Nervus cervicalis quartus*.
53. *Nervus phrenicus* erhält ansehnliche Zweige aus dem *nervus cervicalis quintus*.
54. *Ganglion cervicale medium* s. *thyreoideum*, welches zu einem schwächeren Nebenzweig des Grenzstranges seinen Sitz hat.
55. Die Fortsetzung des Grenzstranges hinter der *arteria subclavia* mit dem *ganglion cervicale inferius* s. *vertebrale*.
56. Der vor der *arteria subclavia* herabgehende schwächere Zweig stellt die *ansa Vieussenii* dar.
57. *Plexus vertebralis* gesellt sich zur *art. vertebralis*, mit welcher er bis zum Gehirn gelangt. Während seines Verlaufes durch die Querfortsätze der Halswirbel sendet er Zweige in den Wirbelkanal und zum Halstheil des Rückenmarks.
58. *Ganglion thoracicum primum*, in welches der gutheile Grenzstrang des Halses sich einsenkt und von dem verschiedene Nerven ausstrahlen, die theils zu den Eingeweiden der Brusthöhle gelangen, theils sich mit den Rückenmarknerven in Verbindung setzen.
59. *Pars thoracica nervi sympathici* liegt neben der Wirbelsäule und vor den *ligamenta radiata* der Rippenköpfchen. Die einzelnen Ganglion nehmen bis zum achten an Grösse ab und von diesem bis zum zwölften wieder etwas an Grösse zu.
60. Die oberen *rami communicantes*.
61. Die unteren *rami communicantes*.
62. *Nervi splanchnici*, welche grösstentheils aus den Rückenmarknerven hervorgehen.
63. *Ganglia semilunaria*, in welche sich die *nervi splanchnici* einsenken.
64. *Nervus splanchnicus minor*.
65. Unteres *ganglion* der *pars lumbalis nervi sympathici*.
66. *Pars sacralis nervi sympathici*. Die beiden Grenzstränge sind durch ansehnliche Zweige in gegenseitige Verbindung gesetzt.

18. Nerf glosso-pharyngien avec le ganglion pétreux, qui se trouve à la face inférieure de la portion pétreuse.
19. Nerf vague avec le ganglion jugulaire du nerf vague.
20. Nerf accessoire de Willis et ses anastomoses avec le vague.
21. Rameau lingual du nerf trijumeau.
22. Corde du tympan.
23. Ganglion sublingual du nerf trijumeau.
24. Rameau lingual du nerf giosso-pharyngien qui arrive en avant bien au-delà des limites des papilles caliciformes. Je l'ai suivi sans le microscope jusqu'au tiers antérieur de la langue.
25. Sa disposition onduleuse au-dessous de la muqueuse linguale.
26. Rameau pharyngien du nerf vague.
27. Plexus noueux ou gangliforme du nerf vague.
28. Nerf laryngé supérieur du nerf vague.
29. Nerf vague; sa disposition plexiforme.
30. Rameaux cardiaques supérieurs du sympathique et du vague.
31. Rameaux cardiaques inférieurs.
32. Plexus pulmonaire postérieur du nerf vague.
33. Rameaux de communication qui peuvent être suivis non-seulement jusqu'au ganglion cervical inférieur, mais, en passant près de ce dernier, jusqu'aux premiers nerfs intercostaux.
34. Nerf récurrent ou rameau laryngien inférieur du nerf vague, qui enlace l'artère sous-clavière, s'élève dans la gouttière entre la trachée et l'oesophage et fournit
35. de nombreux rameaux: rameaux trachéens et oesophagiens supérieurs.
36. Rameaux musculaires qui arrivent aux muscles du larynx.
37. Anastomose entre les nerfs laryngés supérieur et inférieur.
38. Nerf hypoglosse.
39. Ganglion cervical supérieur ou olivaire du nerf sympathique accolé aux nerfs cérébraux et vertébraux.
40. Rameaux de communication pour l'anse cervicale première et le nerf hypoglosse (38).
41. Anastomose du nerf vague avec l'hypoglosse. Le premier envoie deux rameaux au second.
42. Anastomose du sympathique avec le nerf hypoglosse, glossopharyngien et vague.
43. Nerfs jugulaires qui se portent dans la cavité crânienne, et dont quelques-uns forment des anastomoses avec le glossopharyngien et le vague.
44. Plexus carotidien qui se continue dans le nerf Vidien au moyen d'un rameau considérable. Il a déjà été mentionné comme cordon latéral de la tête.
45. Plexus tympanique, formé des petits nerfs carotico-tympaniques qui, serrés les uns près des autres, s'en vont depuis le plexus carotidien, en haut et en arrière, pour s'unir au rameau tympanique du nerf glomopharyngien et le nerf pétreux superficiel, coupé. Quelques rameaux, visibles à l'oeil nu, arrivent à la fenêtre ronde et ovale, près de la paroi osseuse du labyrinthe.
46. Nerfs mous qui arrivent au point de scission de la carotide commune.
47. et 48. Rameaux de communication entre la portion cervicale du sympathique et les nerfs cervicaux.
49. Nerf cervical premier ou sous-occipital qui s'anastomose avec le
50. nerf cervical second à la première anse cervicale.
51. Nerf cervical troisième.
52. Nerf cervical quatrième.
53. Nerf phrénique qui reçoit des rameaux considérables du nerf cervical cinquième.
54. Ganglion cervical médian ou thyroïdien qui s'accole à un rameau accessoire grêle du cordon.
55. Prolongement du cordon derrière l'artère sous-clavière avec le ganglion cervical inférieur ou vertébral.
56. Le rameau grêle descendant devant l'artère sous-clavière représente l'anse de Vieussens.
57. Plexus vertébral s'accolant à l'artère vertébrale avec laquelle il arrive jusqu'au cerveau. Dans son parcours à travers les prolongements transverses des vertèbres cervicales, il envoie des rameaux dans le canal vertébral et à la portion cervicale de la moelle-épinière.
58. Ganglion thoracique premier dans lequel s'enfonce le cordon acinté du cou, et dont émanent divers nerfs qui se rendent partie dans les intestins de la cavité pectorale, partie s'anastomosent avec les nerfs vertébraux.
59. Portion thoracique du nerf sympathique qui se trouve à côté de la colonne vertébrale et devant les ligaments radiés des têtes costales. Les divers ganglions diminuent de grosseur jusqu'au huitième et, de celui-ci jusqu'au douzième, ils grossissent de nouveau un peu.
60. Rameaux de communication supérieurs.
61. Rameaux de communication inférieurs.
62. Nerfs splanchniques qui prennent en grande partie des nerfs vertébraux.
63. Ganglions semi-lunaires dans lesquels s'enfoncent les nerfs splanchniques.
64. Nerf splanchnique petit.
65. Dernier ganglion de la partie lombaire du nerf sympathique.
66. Portion sacrée du nerf sympathique. Les deux cordons latéraux sont unis entre eux par des rameaux considérables.

Tafel 23.

67. Rami communicantes zwischen der *pars sacralis* und den *nervi sacrales*.
68. Plexus ischiadicus.
69. Die Vereinigung der beiden Grenzstränge vor dem Steissbein.
70. Nervus coccygeus.
71. Das zuerst von Luschka beschriebene Gebilde am untern Ende des Steissbeines, über dessen morphologische Natur noch Zweifel bestehen.

67. Rameaux de communication entre la portion sacrée et les nerfs sacrés.
68. Plexus ischiatique.
69. Jonction des deux cordons latéraux devant le coccyx.
70. Nerf coccygien.
71. L'organe à l'extrémité inférieure du coccyx décrit pour la première fois par Luschka et dont la nature morphologique est encore douteuse.

Figura XXXXV.

Leber, Milz, Pancreas, Niere, Nebenniere und Magen im Zusammenhang mit ihren Gefässen und Nerven unter Wasser und Weingeist dargestellt.

A. Die untaren Flächen, der verschiedenen Leberlappen.
B. Die entleerte Gallenblase.
C. Die Milz stark nach links gedrängt.
D. Die vordere Magenfläche. Die *curvatura minor* ist nach rechts und oben und die grosse *Curvatur* nach abwärts gerichtet.
K. Magenrand.
F. Pförtner.
G. Das von der *pars pylorica* theilweise gedeckte Duodenum.
H. Die linke Niere.
J. Die linke Nebenniere.
K. Der Kopf des pancreas wird von dem *duodenum* umgeben.
L. Der Körper des *pancreas*.
M. *Cauda* des *pancreas*.
a. *Aorta abdominalis.*
b. *Arteria coeliaca* umgeben von dem *plexus solaris.*
c. *Arteria hepatica.*
d. *Arteria coronaria ventriculi sinistra.*
e. *Arteria lienalis.*
f. *Arteria gastro-duodenalis.*
g. *Arteria gastro-epiploica dextra.*
h. *Arteria gastro-epiploica sinistra.*
i. *Arteria renalis sinistra.*

1. Der linke *nervus vagus* erscheint etwas stark nach rechts und oben gezogen. Derselbe läuft zwischen den *arteriae oesophageae* zur *art. coronaria ventriculi sinistra*, vereinigt sich mit Zweigen aus dem *plexus solaris* und gelangt mit einem
3. ansehnlichen Ast bis zur *pars pylorica*. Einigemal konnte ich diesen Zweig bis zum Anfangstheil des *duodenum* verfolgen. Die constante Verbindung dieses Nerven mit dem Sympathicus lässt nicht leicht ermitteln, ob der zum *duodenum* gelangende Endzweig in der That Vaguselemente enthält.
4. *Plexus coronarius s. gastricus superior*, welcher dem Verlaufe der *arteria coronaria ventriculi sinistra* folgt.
5. Der rechte *nervus vagus* tritt vorwiegend an die hintere Magenfläche und schickt zahlreiche Zweige in den *plexus coeliacus*.
6. Die Zweige des rechten *nervus vagus*, welche hinter dem Magenmund verbeigehen und sich mit dem *plexus coeliacus* vereinigen. Dieselben wurden etwas stark gedehnt.
7. Auch kann man mitunter Verbindungen mit dem *plexus coronarius* wahrnehmen.
8. *Nervus splanchnicus major* der linken Seite.
9. *Nervus splanchnicus major* der rechten Seite. Die beiden Nerven senken sich in die *ganglia semilunaria* ein.
10. und 11. *Nervi splanchnici minores*, welche vorwiegend spinale Elemente in die Nieren hineinführen.
12. und 13. *Ganglia coeliaca s. semilunaria*, auch *ganglia coeliaca abdominalia* genannt. Dieselben liegen zur Seite der *aorta abdominalis* und coeliaca und indem sie durch zahlreiche netzartig verflochtene Zweige über und unter der *arteria coeliaca* in gegenseitiger Verbindung stehen, bilden sie einen Nervenring um die genannte Arterie.
14. *Plexus arteriae hepaticae* und *venae portae*, welche die Arterie und die Pfortader vollständig umhüllen und mit ihnen zur Leberpforte und der Gallenblase sich begeben.
15. Ein ansehnlicher Zweig des linken *nervus vagus*, welcher im kleinen Netz nach dem *plexus hepaticus* verläuft. Derselbe musste durchschnitten werden.
16. Der *arteria cystica* folgender feiner Plexus (*plexus ductus choledochi, hepatici* und *cystici*).
17. *Plexus coronarius ventriculi superior dexter*, welcher der *art. coronaria ventriculi dextra* folgt.
18. Ein feines Geflecht, das mit der *arteria pancreatica-duodenalis* und mit deren Zweigen zum Kopf der Bauchspeicheldrüse und dem oberen und absteigenden Theil des Zwölffingerdarms gelangt.
19. *Plexus coronarius ventriculi inferior*, welcher der *arteria gastro-epiploica dextra* folgt.
20. Die zum Körper des *pancreas* gelangenden kleinen Zweige.
21. *Plexus lienalis.* Dieser schickt mit den zahlreichen Arterien der Bauchspeicheldrüse Fäden zum *pancreas*.
22. *Plexus coronarius ventriculi inferior* der linken Seite, welcher aus dem *plexus lienalis* hervorgeht und der *arteria gastro-epiploica sinistra* folgt.
23. Zahlreiche *rami suprarenales*.
24. *Plexus renalis.*

Figure XXXXV.

Le foie, la rate, le pancréas, un rein, une reine surnuméraire et l'estomac en rapport avec leurs vaisseaux et leurs nerfs et représentés dans l'alcool.

A. Faces inférieures des divers lobes du foie.
B. Vésicule biliaire mise à découvert.
C. Rate fortement refoulée vers la gauche.
D. Face antérieure de l'estomac. La courbure petite (curvatura minor) a été dirigée à droite et vers le haut et la courbure grande vers le bas.
E. Orifice de l'estomac.
F. Pylore.
G. Duodénum recouvert en partie par la région pylorique.
H. Rein gauche.
J. Rein gauche surnuméraire.
K. Tête du pancréas, entourée du duodénum.
L. Corps du pancréas.
M. Queue du pancréas.
a. Aorte abdominale.
b. Artère coeliaque entourée du plexus solaire.
c. Artère hépatique.
d. Artère coronaire gauche du ventricule.
e. Artère splénique.
f. Artère gastro-duodénale.
g. Artère gastro-épiploïque droite.
h. Artère gastro-épiploïque gauche.
i. Artère rénale gauche.

1. Nerf vague gauche qui apparaît assez fortement érigé à droite et vers le haut. Sa marche a lieu entre l'artère oesophagienne jusqu'à l'artère coronaire du ventricule gauche; il s'anastomose avec des rameaux du plexus solaire et arrive avec
3. un fort rameau jusqu'à la région pylorique. Il m'est arrivé quelques fois de pouvoir suivre ce rameau jusqu'à l'origine du duodénum. La constante anastomose de ce nerf avec le sympathique ne permet pas de décider si la portion terminale qui arrive au duodénum, renferme en effet des éléments du nerf vague.
4. Plexus coronaire ou gastrique supérieur, qui suit le cours de l'artère coronaire gauche du ventricule.
5. Le nerf vague droit, en prenant sa principale direction vers la face postérieure de l'estomac, envoie de nombreux rameaux au plexus coeliaque.
6. Les rameaux du nerf vague droit qui passent derrière l'orifice de l'estomac et se perdent dans le plexus coeliaque. Ils sont assez fortement étirés.
7. On peut aussi quelquefois apercevoir des anastomoses des rameaux ci-dessus avec le plexus coronaire.
8. Nerf splanchnique grand du côté gauche.
9. Nerf splanchnique grand du côté droit. Ces deux nerfs vont se jeter dans les ganglions semi-lunaires.
10. et 11. Nerfs splanchniques petits qui envoient principalement des éléments spinaux dans les reins.
12. et 13. Ganglions coeliaques ou semilunaires, nommés aussi ganglions coeliaques abdominaux. Ils se trouvent placés à droite de l'aorte abdominale et coeliaque et, s'unissant entre eux au-dessus et au-dessous de l'artère coeliaque au un lacis de nombreuses branches, ils forment un anneau de nerfs autour de la sus-dite artère.
14. Plexus de l'artère hépatique et de la veine-porte qui entourent complètement l'artère et la veine-porte et gagnent avec elles la porte du foie et la vésicule du fiel.
15. Un rameau considérable du nerf vague gauche qui se porte dans le fin réseau vers le plexus hépatique. Il a fallu le couper.
16. Petit plexus qui longe l'artère cystique. (Plexus des conduits cholédoque, hépatique et cystique.)
17. Plexus coronaire droit supérieur du ventricule qui longe l'artère coronaire droite du ventricule.
18. Fin plexus qui, avec l'artère pancréatico-duodénale et ses rameaux, parvient à la tête du pancréas et à la portion supérieure et descendante du duodénum.
19. Plexus coronaire inférieur du ventricule qui longe l'artère gastro-épiploïque droite.
20. Les petits rameaux qui gagnent le corps du pancréas.
21. Plexus splénique. Il envoie des filets au pancréas avec les nombreuses artères de ce dernier.
22. Plexus coronaire inférieur du ventricule du côté gauche qui émane du plexus splénique et longe l'artère gastro-épiploïque gauche.
23. Nombreux rameaux surrénaux.
24. Plexus rénal.

Figura XXXXVI.

Weibliches Becken mit seinen Nerven und Eingeweiden, nach Wegnahme der rechten Beckenhälfte dargestellt.

A. *Aorta abdominalis.*
B. Die Lendenwirbelkörper mit ihren Intervertebralscheiben.
C. Die rechte Kreuzbeinparthie wurde nach Entfernung des *os innominatum* abgesägt.
D. *Ureter.*
E. *Musculus pyriformis* nach seinem Austritt aus der Beckenhöhle abgeschnitten.
F. Das der vorderen Kreuzbeinfläche entsprechend stark gekrümmte *rectum,* welches unmittelbar unter
G. von dem theilweise abgeschnittenen *musc. levator ani* gedeckt wird.
H. *Fundus uteri.* Der jungfräuliche *uterus* erscheint schwach entwickelt.
J. Die Fimbrien der *tube* umrahmen das *ostium abdominale.*
K. Das rechte Ovarium erscheint etwas nach aufwärts gezogen.
L. Die Harnblase.
M. *Musculus levator ani* theilweise abgeschnitten.
N. *Musculus ischio-cavernosus.*
O. *Corpus cavernosum clitoridis,* welches sich mit dem der anderen Seite zu der von Nerven grösstentheils gedeckten *clitoris* vereinigt.
P. *Symphysis ossium pubis* auf dem Durchschnitt.
1. Aus den *foramina intervertebralia* treten die *nervi lumbales* hervor, welche sich mit einander vereinigen zum gleichnamigen Plexus.
2. Die unteren *nervi lumbales* und die oberen *nervi sacrales* treten zusammen und bilden den vor dem *musc. pyriformis* liegenden *plexus sacralis s. ischiadicus.*
3. *Nervi glutaei* abgeschnitten.
4. *Nervus pudendus communis* entspringt mit mehreren Wurzeln aus dem Plexus, welcher von den unteren Kreuzbeinnerven gebildet wird. Ich finde es sehr zweckmässig und den thatsächlichen Verhältnissen angemessen, wenn man die Eintheilung der vorderen Kreuzbeinnerven in einen *plexus ischiadicus, pudendalis* und *coccygeus* ganz fallen lässt und nur von den aus dem vorderen Kreuzbeingeflecht hervorgehenden Zweige spricht.
5. Feine Zweige gelangen von dem *nervus pudendus* zum *musculus ischio-cavernosus.* Die Fortsetzung des *nervus pudendus* stellt den unter dem *arcus pubis* nach vorn ziehenden *nervus dorsalis clitoridis* dar.
6. *Rami communicantes,* welche nicht nur den Sympathicus mit den Rückenmarksnerven in Verbindung setzen, sondern auch Rückenmarkszweige an dem Sympathicus vorüber zu dem *plexus hypogastricus* führen.
7. Grenzstrang des Sympathicus vor dem Lendentheil der Wirbelsäule. An diesem Präparate waren zahlreiche *ganglia intercalaria* an der Seitenfläche der Wirbelsäule vorhanden.
8. Grenzstrang des Sympathicus vor dem Kreuzbein. Die beiden untersten Ganglien sind in dieser Abbildung nicht sichtbar.
9. *Plexus aorticus abdominalis.*
10. Ein feiner *plexus haemorrhoidalis* folgt dem Verlaufe und Verbreitungsbezirk der gleichnamigen Arterie.
11. *Plexus hypogastricus superior* s. *ilio-hypogastricus,* welcher durch die *rami communicantes* und die Ganglien des sympathischen Grenzstranges ansehnliche Verstärkungszweige erhält.
12. *Plexus hypogastricus inferior,* in welchen sich zahlreiche
13. Zweige des vorderen Kreuzbeingeflechtes einsenken, so dass dasselbe aus sympathischen und Rückenmarksnerven zusammengesetzt erscheint.
14. Durch die zahlreichen Ganglien, welche in diesen Plexus eingelagert sind, erhält derselbe ein eigenartiges ungleich durchbrochenes Aussehen.
15. Die unteren Mastdarmzweige, welche sich gegen den Sphincter herablaufen, wo sie über diesen, gedeckt von dem *levator ani,* ein zartes feines Netz bilden.
16. *Plexus vaginalis.* Die einzelnen Zweige dieses Geflechtes laufen an der Scheidenwand nach auf- und abwärts.
17. Jener Theil des *plexus hypogastricus inferior,* welcher sich als engmaschiges Netz an der Abtheilung der *vagina* gegen Blase, Eileiter und Clitoris weiter fortsetzt.
18. Nervenzweige, welche an der Seitenwand des Uterus, diesen Faden ertheilend, nach aufwärts zur Tuba und dem Eierstock gelangen, wo sie die mit Nerven, die der Arterie des Eierstockes folgen und die dem *plexus spermaticus* des Mannes entsprechen, vereinigen.
19. *Nervi vesicales.*
20. *Plexus uterinus.*
21. *Nervus dorsalis clitoridis,* welcher mit
22. dem *plexus cavernosus clitoridis* an dem Sympathicus Verbindungen eingeht und bis zur *glans clitoridis* und deren Umgebung gelangt.

Figure XXXXVI.

Bassin de la femme, avec ses intestins et ses nerfs, représenté après éloignement de la moitié droite du bassin.

A. Aorte abdominale.
B. Corps vertébraux lombaires avec leurs disques intervertébraux.
C. La partie droite du sacrum a été sciée après l'éloignement de l'os innominé.
D. Urétère.
E. Muscle pyriforme, coupé à sa sortie de la cavité du bassin.
F. Le rectum, correspondant à la face du sacrum et fortement recourbé, qui immédiatement au-dessous
G. est couvert par le muscle releveur de l'anus, coupé partiellement.
H. Fond de l'utérus. L'utérus virginal apparaît peu développé.
J. Les franges de la trompe encadrent l'orifice abdominale.
K. L'ovaire droit apparaît un peu étiré vers le haut.
L. La vessie.
M. Muscle releveur de l'anus, coupé partiellement.
N. Muscle ischio-caverneux.
O. Corps caverneux du clitoris qui, avec celui de l'autre côté, s'unit au clitoris, couvert en grande partie par des nerfs.
P. Symphyse des os du pubis, coupée.
1. Des trous intervertébraux émergent les nerfs lombaires qui s'unissent entre eux pour former le plexus du même nom.
2. Les nerfs lombaires inférieurs et les nerfs sacrés supérieurs s'unissent pour former le plexus sacré ou ischiatique devant le muscle pyriforme.
3. Nerfs glutéaux, coupés.
4. Nerf honteux commun qui émane avec plusieurs racines du plexus formé des nerfs sacrés inférieurs. Il me semblerait plus avantageux et plus conforme aux rapports réels d'abandonner la division des nerfs sacrés antérieurs en un plexus ischiatique, honteux et coccygien, et de ne parler que du rameaux qui émane du plexus sacré antérieur.
5. Rameaux grêles qui vont du nerf honteux au muscle ischio-caverneux. La continuation du nerf honteux représente le nerf dorsal du clitoris qui se dirige en avant au-dessous de l'arcade pubienne.
6. Rameaux de communication qui non-seulement unissent le sympathique avec les nerfs spinaux, mais qui, en longeant le sympathique, envoient des rameaux spinaux au plexus hypogastrique.
7. Cordon latéral du sympathique devant la portion lombaire de la colonne vertébrale. Cette pièce présentait, lors de la préparation, de nombreux ganglions intercalaires sur la face latérale de la colonne vertébrale.
8. Cordon latéral du sympathique devant le sacrum. Les deux ganglions inférieurs ne sont pas visibles.
9. Plexus aortique abdominal.
10. Un fin plexus hémorrhoïdal a le même parcours et la même étendue que l'artère du même nom.
11. Plexus hypogastrique supérieur ou ilio-hypogastrique qui, par les rameaux de communication et les ganglions du cordon sympathique, reçoit des renforts considérables.
12. Plexus hypogastrique inférieur dans lequel s'enfoncent
13. de nombreux rameaux du plexus sacré antérieur, de manière que ce dernier paraît formé de nerfs sympathiques et vertébraux.
14. Par les nombreux ganglions qui se réunissent dans ce plexus, il a l'apparence d'un réseau à mailles étroites et inégales.
15. Les rameaux inférieurs du rectum qui descendent jusque vers le sphincter, où, au-dessus de celui-ci et couverts par le releveur de l'anus, ils forment un réseau fin et délicat.
16. Plexus vaginal. Les divers rameaux de ce plexus parcourent la muqueuse vaginale en haut et en bas.
17. Partie du plexus hypogastrique inférieur qui continue sa marche en réseau à mailles étroites, le long de la portion supérieure du vagin, le tube de Fallope et le clitoris.
18. Rameaux musculaires qui, à la paroi latérale de l'utérus, la vessie, distribuant des filets à celui-ci, parviennent en montant et en descendant jusqu'à la trompe et à l'ovaire, où ils s'unissent aux nerfs qui suivent l'artère de l'ovaire et qui correspondent au plexus spermatique de l'homme.
19. Nerfs vésicaux.
20. Plexus utérin.
21. Nerf dorsal du clitoris qui forme des anastomoses avec
22. le plexus caverneux du sympathique, et se rend jusqu'au gland clitoridien et à sa région.

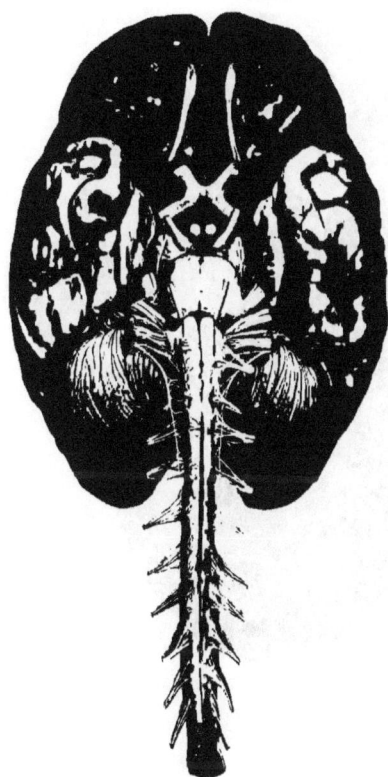

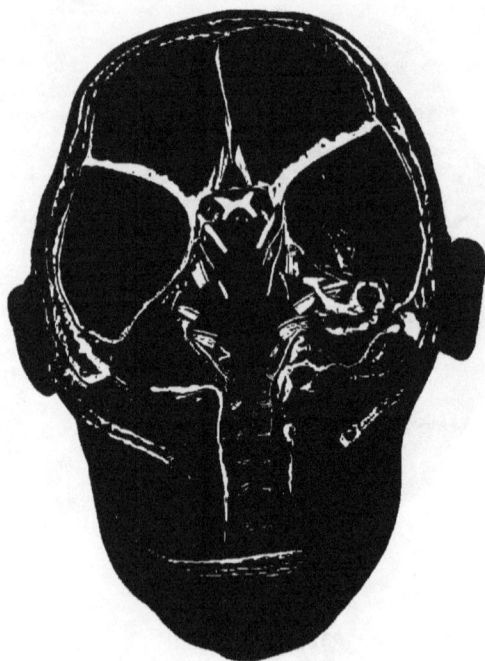

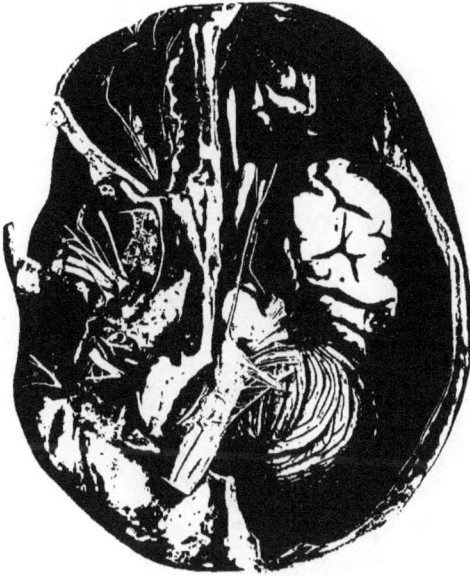

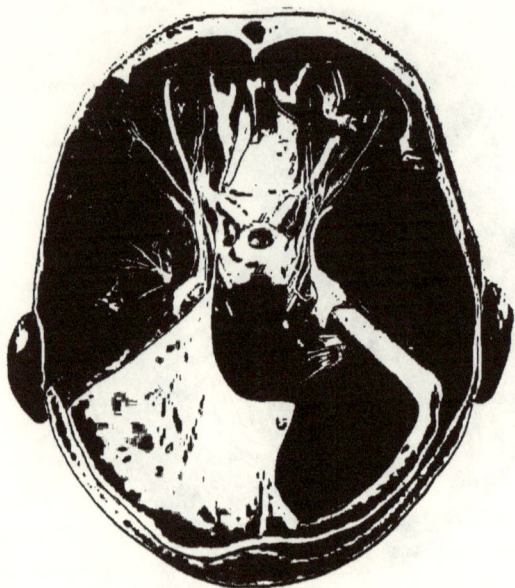

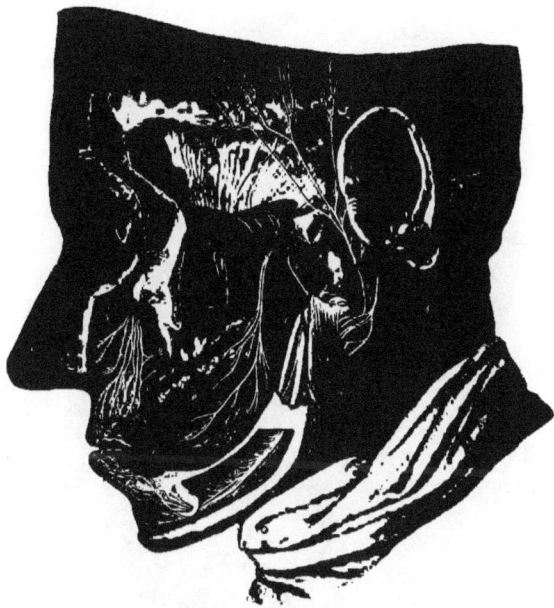

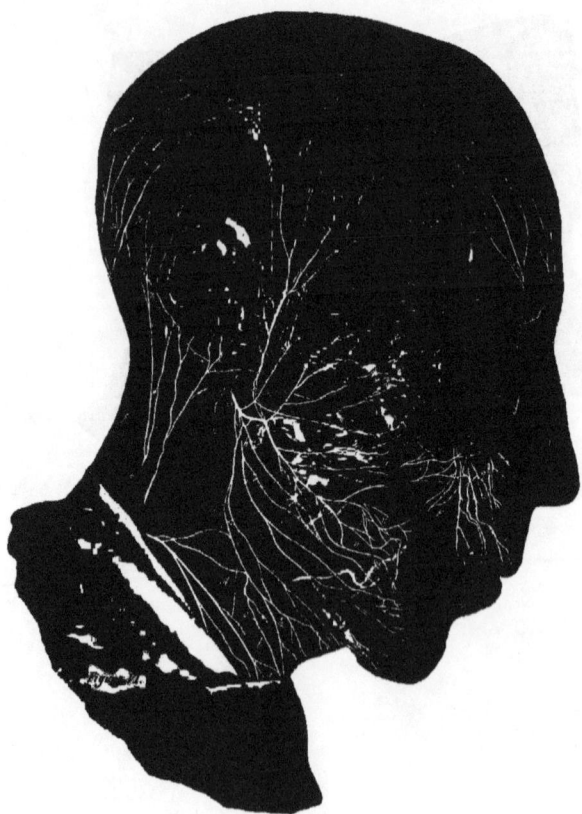

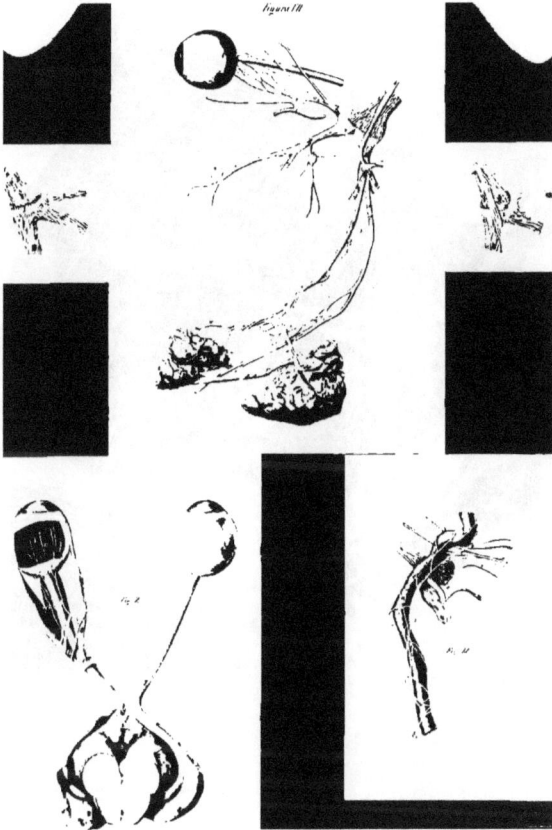

Figure III

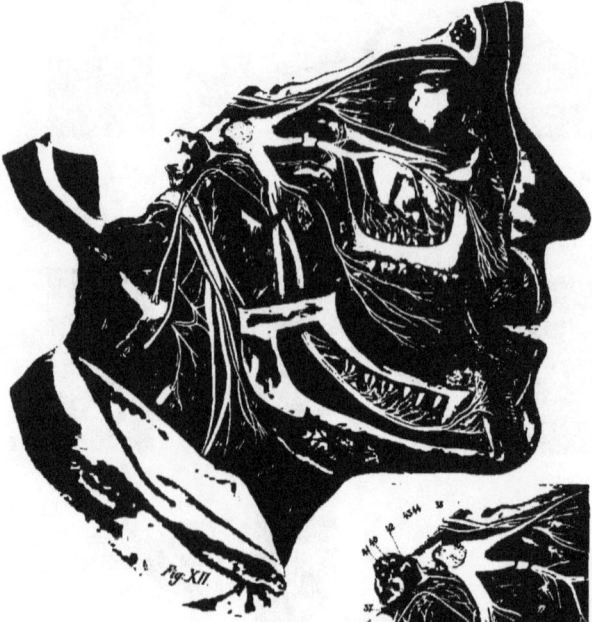

Fig. XII.

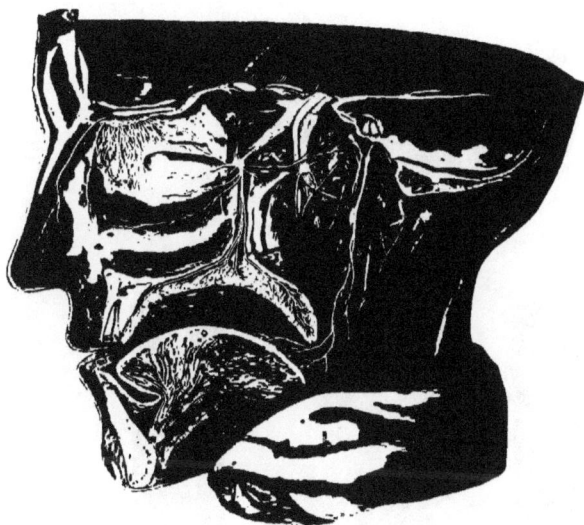

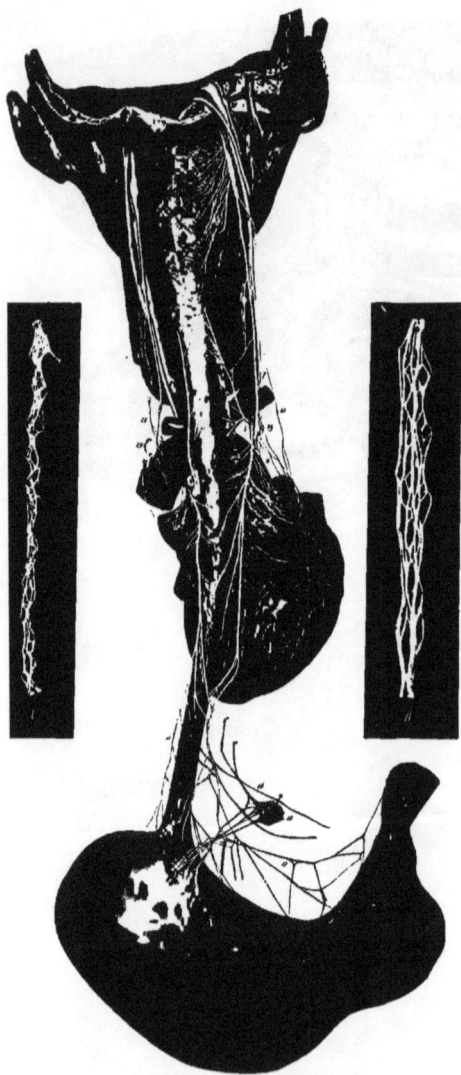

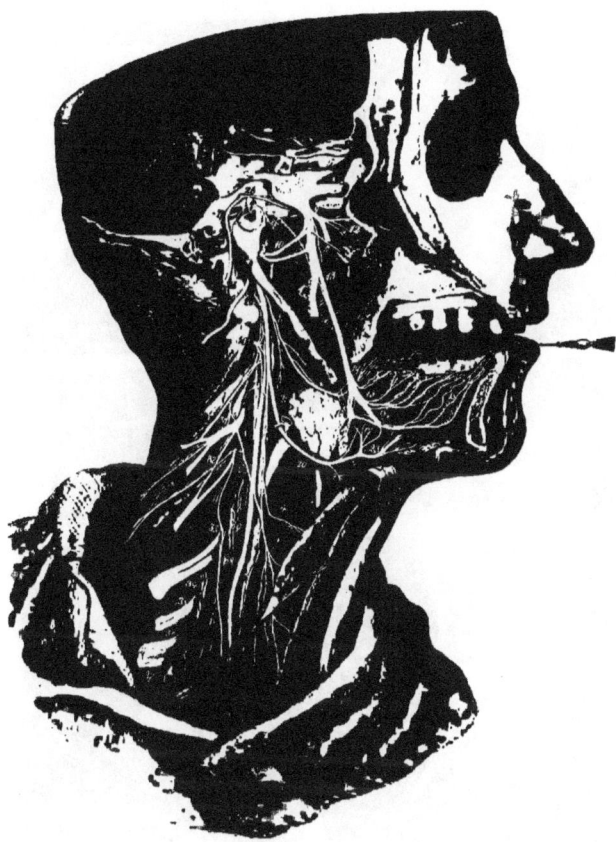

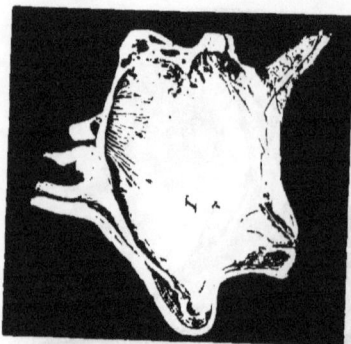

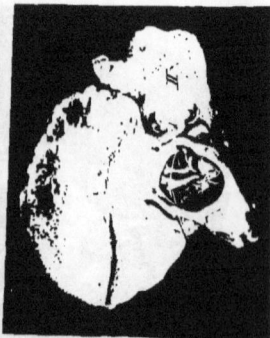

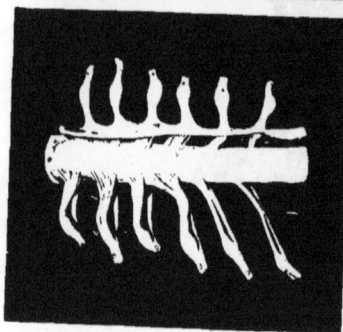

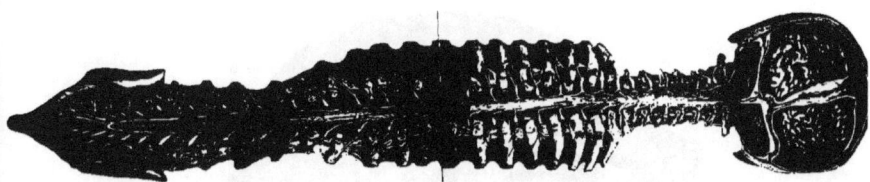

Figura XIX

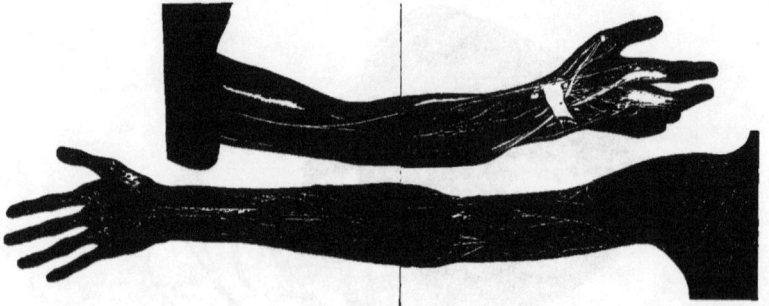

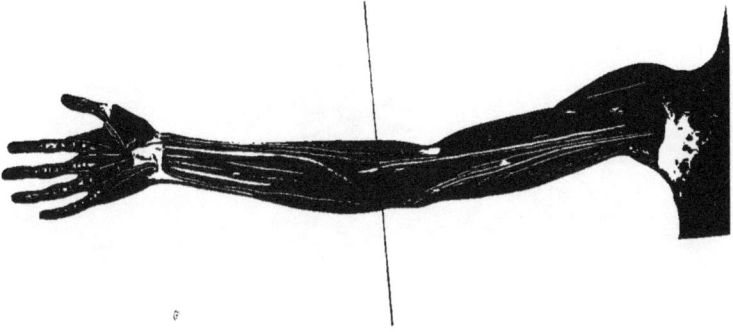

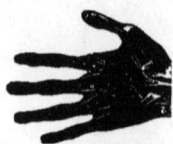

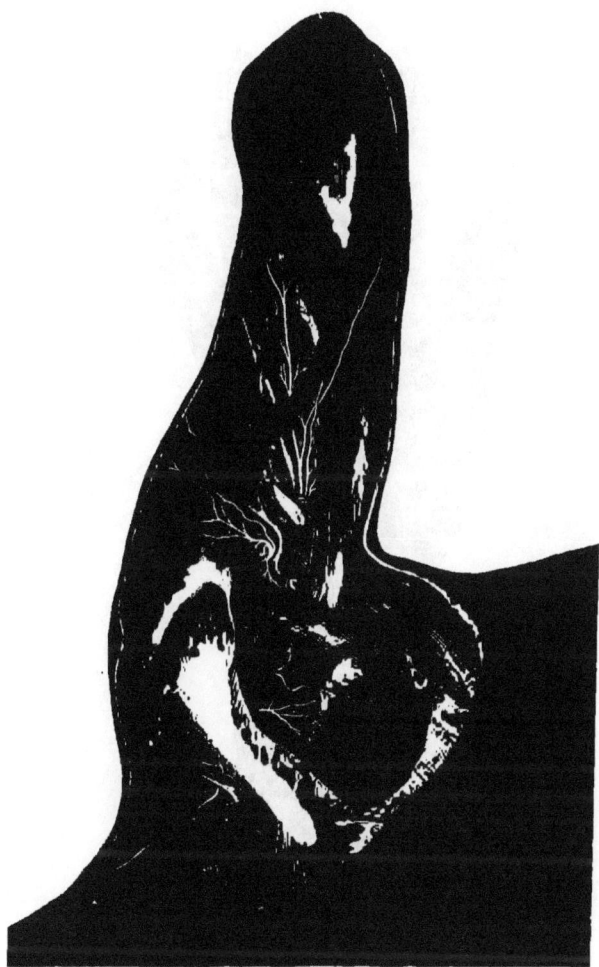

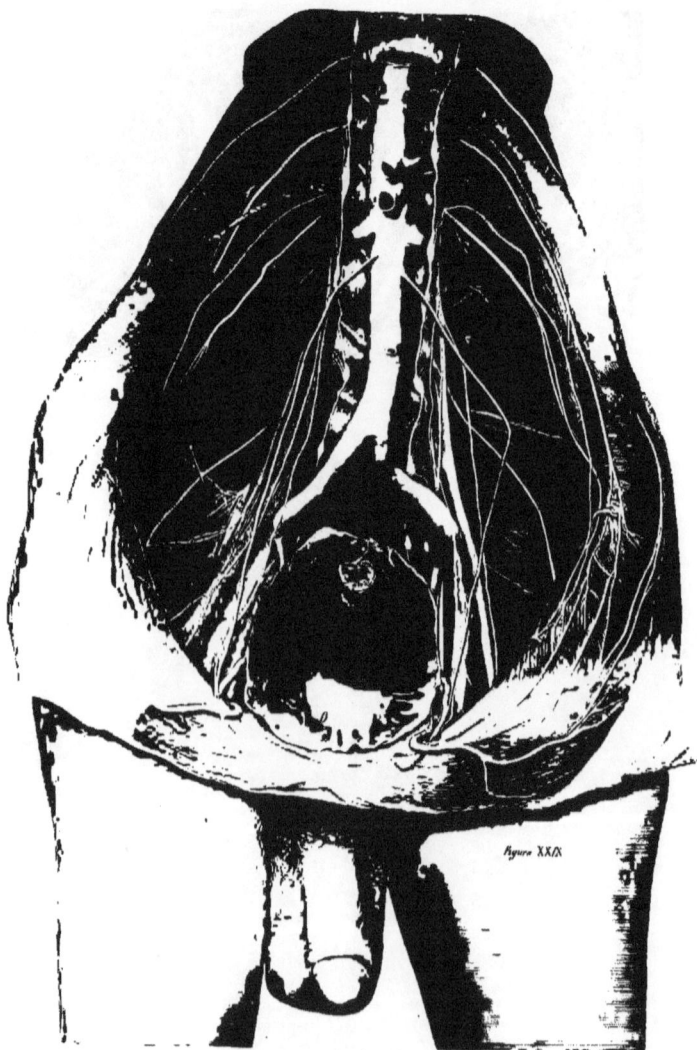

Figura XXIX

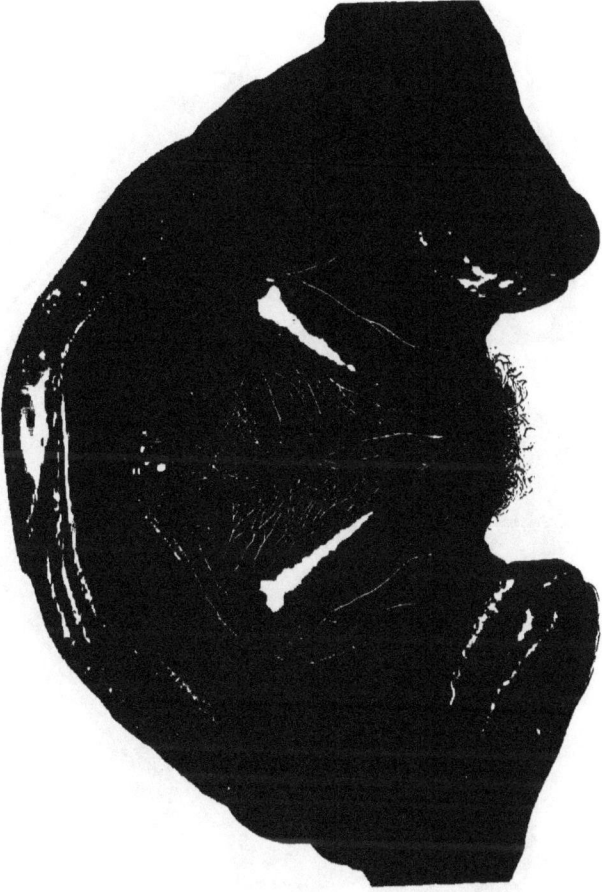

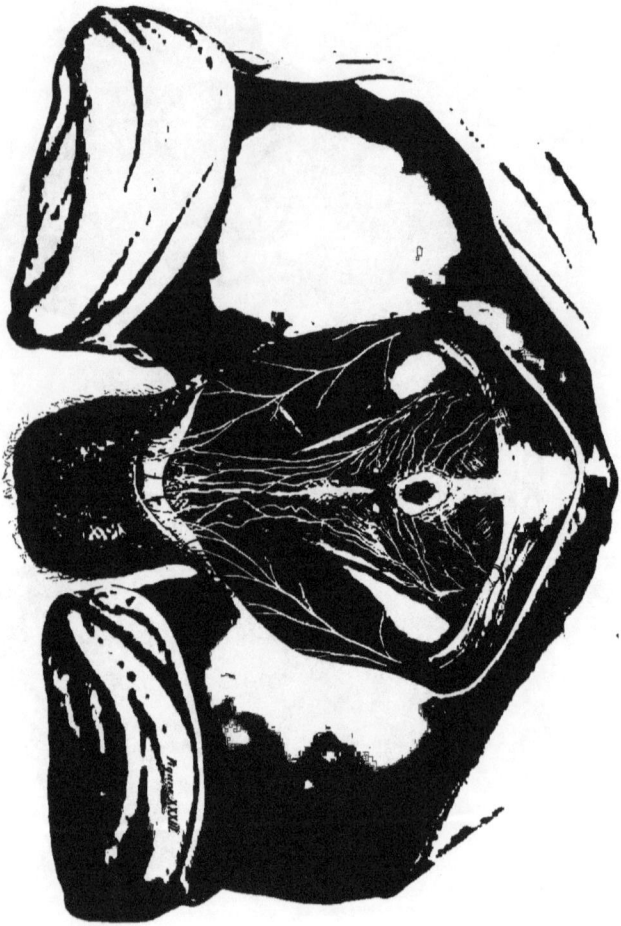

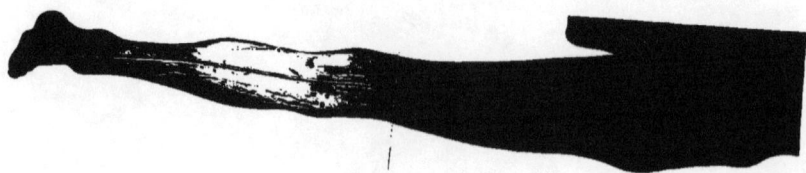

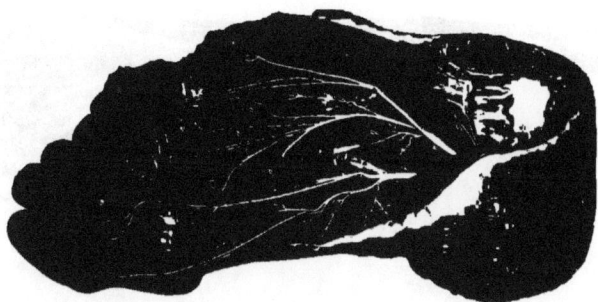

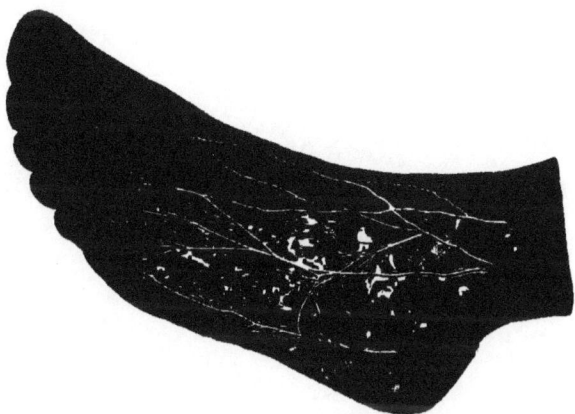

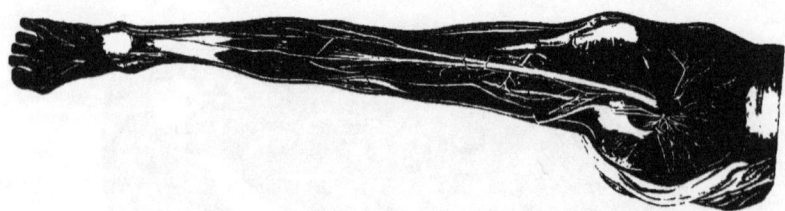

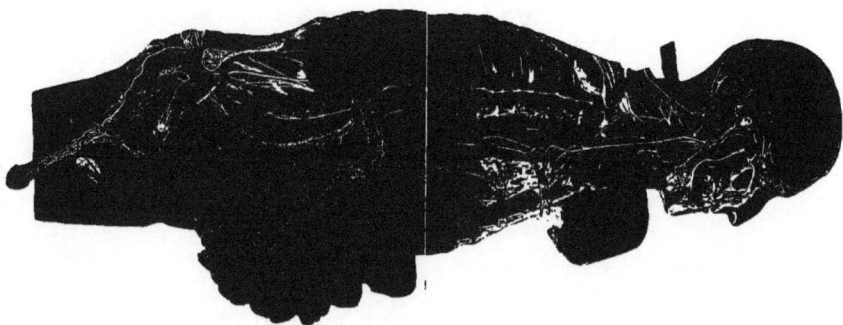

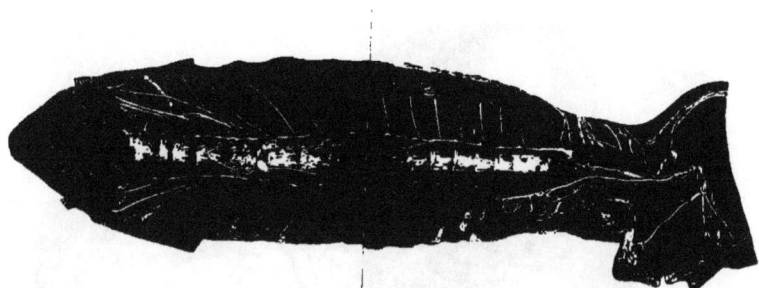

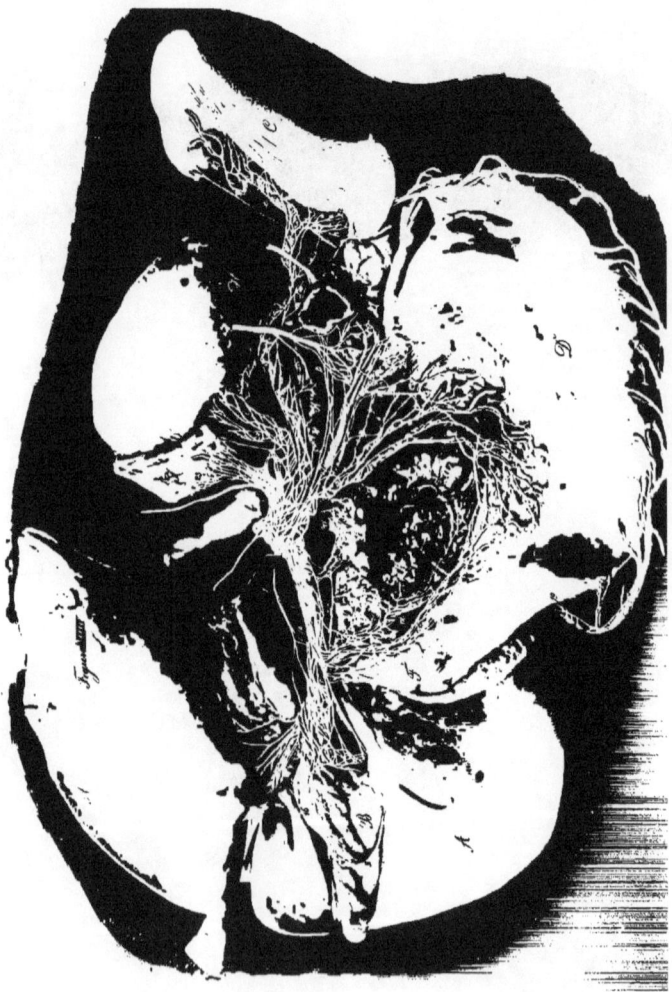

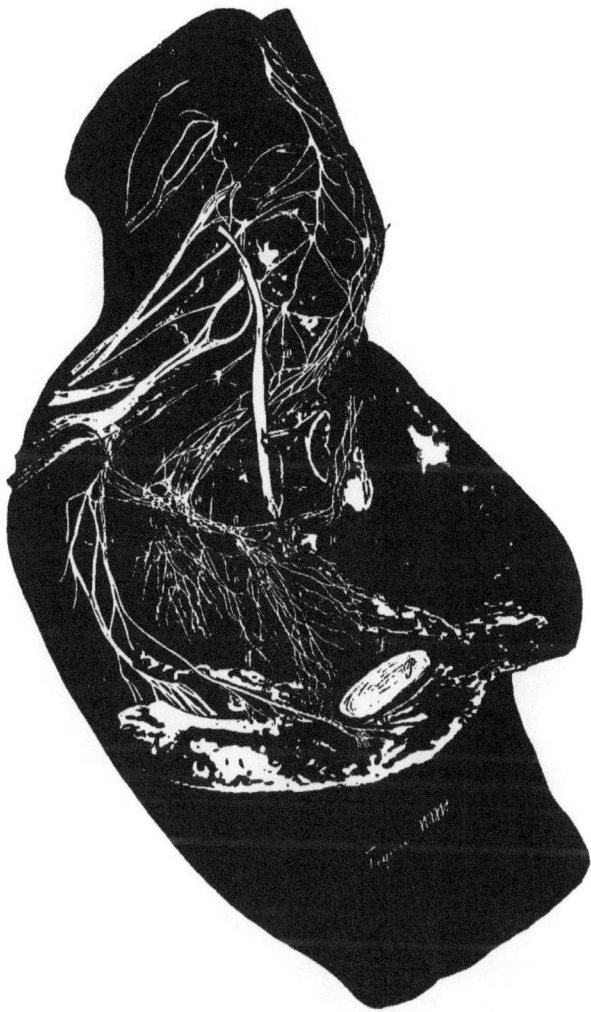

www.ingramcontent.com/pod-product-compliance
Lightning Source LLC
Chambersburg PA
CBHW021951190326
41519CB00009B/1220